MODELLBAU-TECHNIKEN

Bemalung von Militärfahrzeugen Heft 1

INHALT

BEMALUNG

DIORAMEN

Autoren
Alessandro Bruschi, Marco Campanella, Fabrizio Faggion, Marco Sclafani, Marijn Van Gils, Stefano Zaghetto.

Produktion
Alessandro Bruschi

Zeichnungen
Stefano Zaghetto

Fotos
Alessandro Bruschi, Fabrizio Faggion, Stefano Zaghetto.

Layout
Cristina Bonanno

Berater
Francesco Cortellini, Daniele Guglielmi

Übersetzung
Martin Graff

Herausgeber der deutschen Ausgabe
Zeughaus Verlag GmbH
Knesebeckstr. 88, 10623 Berlin

Telefon: 030/315 700 30
Fax: 030/315 700 77

Email: info@zeughausverlag.de
Internet: www.zeughausverlag.de

Die Originalausgabe erschien bei
Auriga Publishing S.r.l © 2002

Druck
Printed in European Union

Die Deutsche Bibliothek verzeichnet diese Publikation in der Deutschen Nationalbibliografie; detaillierte bibliografische Daten sind im Internet über http://dnb.ddb.de abrufbar.

ISBN: 978-3-938447-63-5

VORWORT

Nur durch die Kenntnis der grundlegenden Techniken lassen sich eigene Ideen und Vorstellungen bei einem Modell sinnvoll umsetzen.
Die Welt des Modellbaus ist immer in Bewegung, sowohl was die verwendeten Materialien als auch die angewandten Techniken und Methoden betrifft. Es ist eine stete Weiterentwicklung, bei der wir immer wieder versuchen, den Realismus unserer Arbeiten zu steigern. Die Suche nach der „endgültigen Technik" findet dabei auf verschiedensten Ebenen statt. Der Austausch mit anderen Modellbauern auf Ausstellungen und bei Wettbewerben ist dabei ein sehr einfacher und günstiger Weg. Nur ist die Zeit vor Ort meist zu kurz und man weiß, zu Hause angekommen, nicht mehr alle Details der vorangegangenen Gespräche.
Die Autoren möchten dem Leser deshalb einige der üblichen Techniken (die deshalb nicht unbedingt neu sein müssen) zur Farbgebung und Alterung von Militärfahrzeugen aufzeigen und demonstrieren. Das beginnt mit einem Artikel, der die Grundzüge der Bemalung und Alterung erläutert. So soll sich auch dem Anfänger die Möglichkeit eröffnen, die folgenden fortgeschrittenen Techniken nachzuvollziehen. Oft sind es nur kleine Kniffe und die passenden Materialien, die eine bestimmte Methode erfolgreich werden lassen. Die weiteren Artikel in diesem ersten von zwei Heften zeigen einige dieser Techniken, die zu teilweise verblüffenden Effekten führen und einem Modell das gewisse Etwas verleihen können.

Stefan Müller

ITALERI, 1:35

CRUSADER Mk III

MODELL VON Marco Sclafani und Alessandro Bruschi

DARSTELLUNG EINES FAHRZEUGES MIT MEHRFARBIGEM TARNANSTRICH

Manchmal möchte man ein Modell einfach aus einer Laune heraus bauen, ohne vorher jedes Detail des Fahrzeugs nachzuprüfen oder einen Bausatz um jeden Preis mit Hilfe von Detailsets zu verbessern. Vielleicht werden viele Modellbauer diese Gedankengänge nicht teilen, denn auch wir lassen normalerweise dem Bau eines Modells eine intensive Phase der Recherche vorangehen, um eine Vorstellung von der betreffenden Materie zu bekommen. Wir möchten hier aber auch einmal demonstrieren, dass man auch auf die andere Art ein sehr ansprechendes Modell verwirklichen kann.

Auch wenn man vorhat, ein Modell direkt "aus der Schachtel" zu bauen, so kann man kaum widerstehen, einige Details mit Hilfe eines Zurüstsets zu verbessern, wie es auch in diesem Fall geschehen ist. Dies beschränkte sich aber auf einige wenige Bereiche und nahm nur wenig Zeit in Anspruch. Es ist wohl eine Tatsache, dass wir Modellbauer inzwischen immens viel Zeit in die Detaillierung unserer Modelle investieren und uns geradezu in bestimmte komplexe Verfahren verbeißen.
Auf den Aufnahmen vom Crusader lässt sich gut erkennen, an welchen Stellen wir Fotoätzteile von Eduard verwendeten und dass auch Resinketten von Resicast zum Einsatz kamen. Wir beschränkten uns allerdings rein auf die Montage dieser Teile, wie diese von jedem Modellbauer durchgeführt werden könnte. Die eigentliche Nachforschung und Ausarbeitung hatten wir in diesem Fall ganz den Herstellern Eduard und Resicast überlassen.

Der Zusammenbau

Der Bausatz des Crusader Mk. III von Italeri hat durchaus seine Vorzüge und nur wenige Fehler, obwohl das Modell schon einige Jahre auf dem Markt ist. Deshalb verdient es dieser Bausatz auch, wenn man ihn durch einige Fotoätzteile ergänzt, die, gezielt an einigen Stellen eingesetzt, das Modell nochmals deutlich aufwerten können. Die Resinketten mögen zwar nicht unbedingt notwendig sein, tragen aber auch ihren Teil zu einem gesteigerten Realismus bei.
Der Zusammenbau des Modells verlief problemlos, da alle Teile mehr oder weniger perfekt zueinander passen. Während der Montage wurden noch Schutzbügel für die Scheinwerfer aus Kupferdraht und am Rohr eine Mündungsbremse aus gedrehtem Aluminium hinzugefügt. Vor dem Lackieren wurden dann noch die Ätzteile mit etwas mit Aceton verdünnter Spachtelmasse bestrichen, um die Haftfähigkeit für die Farbe zu erhöhen.

Pro und kontra Enamel-Farben

In den letzten Jahren haben die Acrylfarben im Modellbau die Enamelfarben unbestreitbar mehr und mehr verdrängt. Und sicherlich haben diese Farben, die zuerst von einigen bekannten japanischen Herstellern eingeführt wurden, einige Vorteile gegenüber den Enamelfarben, die unser Hobby in der Anfangszeit prägten. Mittlerweile sind die meisten Modelle, von denen Bauberichte veröffentlicht werden, mit Acrylfarben oder zumindest mit Hilfe gemischter Maltechniken lackiert.
Warum hat sich dieser Richtungswechsel vollzogen? Sicherlich spielte der unangenehme Geruch der Enamelfarben eine Rolle, aber auch die deutlich kürzeren Trocknungszeiten der Acrylfarben. Aber bedeuten die unbestreitbaren Vorzüge der Acrylfarben wirklich das Ende der Enamelfarben?

Oben: **Die Teile werden mit Seifenwasser gesäubert, um Produktionsprozess-Rückstände zu entfernen.**

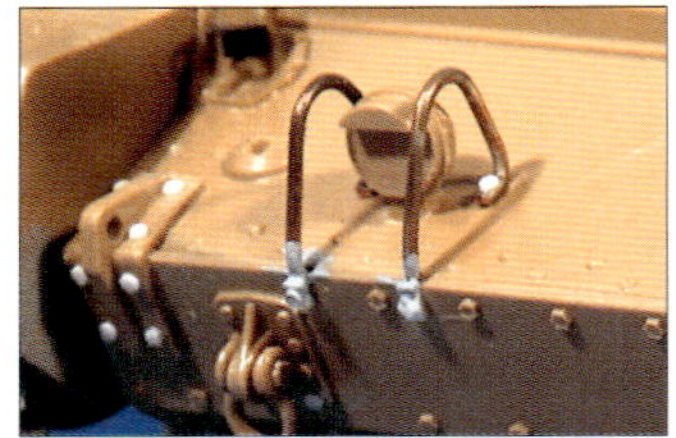

Auf dieser Seite: **Das Modell wurde mit Fotoätzteilen von Eduard und Resinketten von Resicast verfeinert.**

Die Antwort muss Nein lauten, gerade weil auch viele Modellbauer nach wie vor auf sie schwören und die "Wasser"-Farben ablehnen.
Enamelfarben, besonders die von Humbrol und Revell, haften wirklich hervorragend auf Plastik und sie sind auch noch mit Ölfarben mischbar. Gerade dieser letzte Umstand ist beim Altern sehr vorteilhaft. Sie eignen sich auch hervorragend als Grundierung, vorzugsweise in hellen Farbtönen und sie sind beim Trockenmalen immer noch erste Wahl.

Die Bemalung

Wie vielleicht aus dem vorhergehenden Abschnitt gefolgert werden kann, verwendeten wir für unser Modell Enamelfarben und versuchten ihre Vorteile bei der Bemalung auszunutzen. Als Basisfarbe benutzten wir eine Sandfarbe mit leichter Tendenz ins Rosa, die sich folgendermaßen zusammensetzte (H steht für Humbrol): 70% H93 Wüstensand matt, 10% H61 Hautfarbe matt und 20% H130 Satinweiß.

Diese Mischung wird zur Vereinfachung in der Folge als Mischung 1 bezeichnet. Mischung 1 wurde in eine Filmdose gefüllt und mit einem Deckel luftdicht verschlossen, um sie während der Lackierung des Modells mehrfach verwenden zu können. Nach dem Aufbringen der ersten Farbschicht ist es wichtig, die Farbe gut durchtrocknen zu lassen. Wir ließen das Modell folglich 72 Stunden ruhen, bevor wir mit dem Aufbringen der Decals fortfuhren. Anschließend folgte dann ein Washing mit Ölfarbe am gesamten Modell.

DIE BEMALUNG DES MODELLS

Wir entschieden uns bei diesem Modell für die Verwendung von Enamelfarben. Diese von verschiedenen Herstellern erhältlichen Farben sind i.d.R. untereinander verträglich und werden in einer breiten Farbpalette angeboten. Ihre Haftfähigkeit auf Plastik ist ausgezeichnet und sie lassen sich mit Spritzpistole und Pinsel gleichermaßen gut verarbeiten. Auf dem Modell wurden relativ schnell hintereinander drei Schichten mit Humbrol-Verdünnung angemischter Grundfarbe aufgebracht. Um einige dunklere Zonen zu schaffen, genügt es, diese mit Klebeband abzugrenzen und die Grundfarbe mit etwas Braun zu versetzen.

Rechts: Ein kleiner Trick: um sich zu merken, welche Farben man verwendet hat, sollte man diese an einer später nicht sichtbaren Stelle des Modells "notieren". In diesem Fall strichen wir einen Bereich innerhalb der Wanne mit den benutzten Farben ein.

DIE VERWENDUNG VON DECALS

Wir möchten hier in einer Art Abfolge der Arbeitsschritte den Umgang mit Decals ausführlich erläutern. Viele Leser werden schon selbst bemerkt haben, dass Decals oft ein sehr unrealistisches Erscheinungsbild haben können. Wie sich dies vermeiden lässt, möchten wir nachfolgend demonstrieren.

1) Decals haben normalerweise einen Rand, der aus Trägerfilm besteht und der für das Produktionsverfahren notwendig ist. Für unsere Zwecke ist dieser Rand aber nicht mehr notwendig und sollte entfernt werden, da er später unschön auffallen könnte. *2)* Mit einem scharfen Messer wird der Trägerfilm entlang der Decals abgeschnitten. Ein Metall-Lineal leistet dabei gute Dienste. *3)* Hier sind die von überflüssigem Trägerfilm befreiten Decals zu sehen.

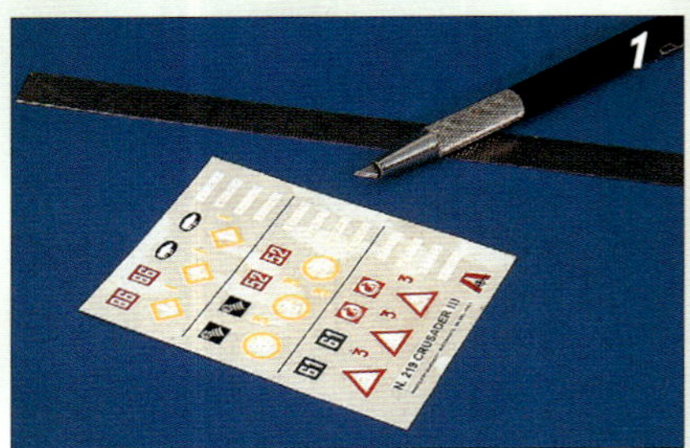
1

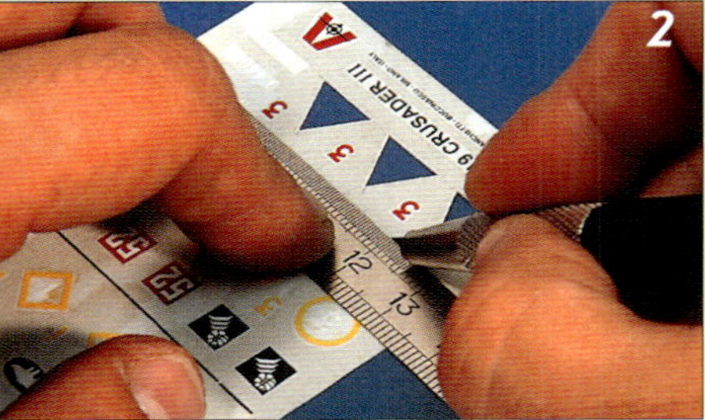
2

3

4) Das Decal wird einige Minuten in Wasser gegeben, bis es sich von der Unterlage komplett abgehoben und sich so auch das Bindemittel zwischen Papier und Decal abgelöst hat. Das Abziehbild wird wieder zu seiner Form zurückfinden. Das Wasser sollte dabei lauwarm sein. *5)* Auf den Bereich, wo das Decal angebracht werden soll, wurde vorher etwas glänzender Klarlack aufgesprüht, um die Haftfähigkeit zu erhöhen. *6)* Vor dem Anbringen des Decals wird mit dem Pinsel etwas Weichmacher für Decals aufgebracht.

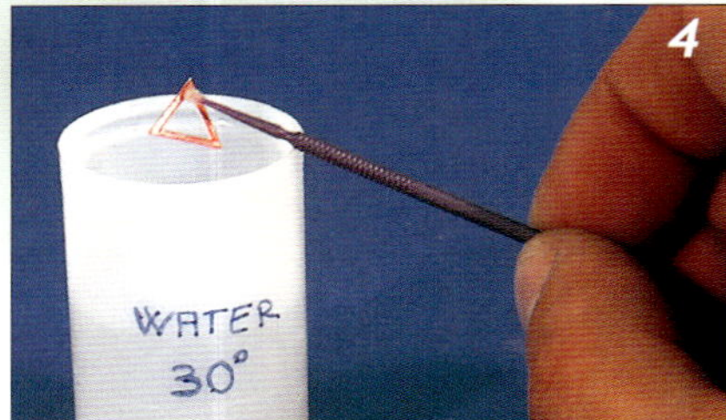

4

5

6

7-9) Ist das Abziehbild aufgebracht, kann es mit der Pinselspitze oder einem Zahnstocher in die richtige Position geschoben werden. Ist diese erreicht, wird das Abziehbild mit einem Wattestäbchen vorsichtig betupft, um die restliche Flüssigkeit und Luftblasen zu entfernen.

7

8

9

10) Mit einem Fön kann das Abziehbild endgültig getrocknet werden, bevor mit dem nächsten fortgefahren wird. *11)* Sobald alle Decals angebracht sind, wird eine dünne Schicht matter Klarlack aufgesprüht, um die Oberfläche des Modells wieder zu vereinheitlichen. *12)* Hier ist der Crusader mit dem matten Überzug zu sehen.

10

11

12

Auf dieser Seite: Nachdem die Decals aufgebracht sind, erfährt das Modell ein Washing mit Ölfarbe an Vertiefungen, Gravuren usw. Es ist genau der richtige Zeitpunkt, das Washing vorzunehmen. An diesem Modell wurden im weiteren Verlauf zwar noch weitere Washings durchgeführt, aber dieses kann als "General"-Washing bezeichnet werden. Dabei gilt es zu beachten, kein einzelnes kräftiges Washing durchzuführen, sondern mehrere leichte, sich überlagernde Washings aufzubringen, bis der gewünschte Effekt erreicht ist.

Unten: Vor dem eigentlichen Washing wird etwas Verdünnung aufgespritzt. Dadurch kann dann die Farbe besser in die feinen Vertiefungen fließen.

Unten: Mittels eines spitzen Pinsels wird die verdünnte Ölfarbe direkt an die ausgewählten Vertiefungen gegeben. Die Farbe fließt dann praktisch von alleine in die Vertiefungen oder um kleine Erhebungen herum.

Unten: Nach einigen Minuten wird mit einem trockenen Flachpinsel die überschüssige Farbe abgestrichen und verbleibt so nur in Rillen und Vertiefungen. Damit erzeugt man einen sehr realistischen Effekt.

Unten: Es gibt unterschiedliche Variationen beim Washing. In diesem Fall wird an der Seite eine stark verdünnte Mischung mit einem anderen Farbeffekt aufgebracht.

Das Washing

Was im Modellbauer-Jargon allgemein als Washing bezeichnet wird, ist eine der wichtigsten Techniken bei der Bemalung und Alterung. Washing ist mittlerweile so gang und gäbe, dass es oftmals unkontrolliert und ohne Hinterfragung des Sinns angewendet wird. Die Folge sind übertriebene und unangebrachte Washings.

Ein gutes Washing sollte keinesfalls übertrieben wirken und manchmal ist es sinnvoll, ein Washing auf bestimmte Bereiche eines Modells zu beschränken. Ein starkes Washing ist nur selten notwendig und es liegt an der kundigen Hand des Modellbauers, diese Technik sinnvoll einzusetzen. Die Mischung für ein gutes Grund-Washing setzt sich aus ca. 5% Farbe und 95% Verdünnung zusammen.

DAS TROCKENMALEN

Das Trockenmalen oder Drybrushen gehört in unserem Hobby zu den wichtigsten Maltechniken. Wir werden im Folgenden sehen, wie beim Trockenmalen vorgegangen wird. Mit Enamelfarbe lässt sich Trockenmalen besonders gut durchführen. Auch ein Flachpinsel guter Qualität und ein Papiertuch gehören zur Ausrüstung.

1) Die sandfarbene Grundmischung, mit der das Modell bemalt wurde, wird mit Weiß aufgehellt und für das Trockenmalen verwendet. *2+3)* Die Farbe wird mit dem Flachpinsel aufgenommen und dieser auf dem Papiertuch ausgestrichen, um die Farbbestandteile zwischen den Borsten zu entfernen.

1

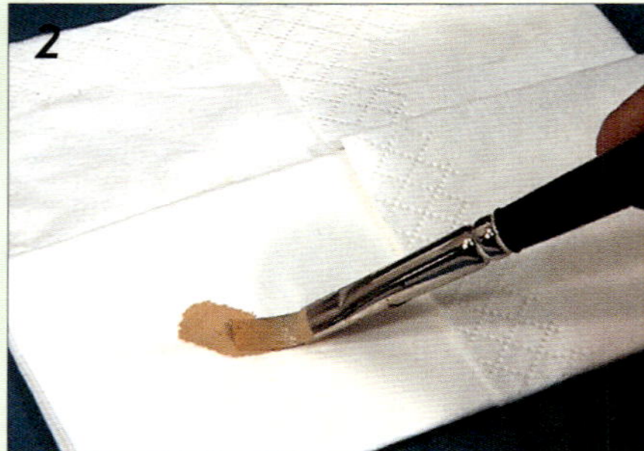

2

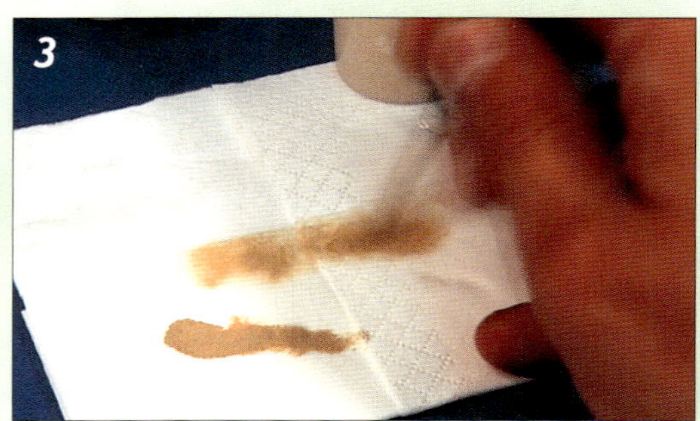

3

Oben und unten: Ein wichtiger Aspekt beim nun folgenden Trockenmalen ist es, keine Farbstreifen bei der Bearbeitung zu hinterlassen. Dies wird durch das sorgfältige Ausstreichen des Pinsels auf dem Papiertuch vermieden. Die Bilder zeigen die Pinselbewegungen auf der Modelloberfläche.

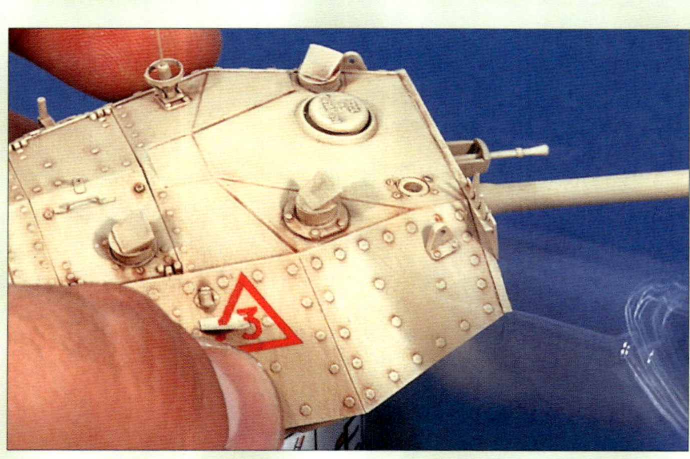

Bei dieser Ansicht des Turms von oben lassen sich die Unterschiede zwischen der linken, trocken gemalten und der rechten, noch nicht behandelten Seite gut erkennen.

EINE VARIANTE DES TROCKENMALENS (1)

Mit einer Abwandlung des vorher beschriebenen Trockenmalens lassen sich bestimmte Bereiche gezielt aufhellen. Es handelt sich dabei um kleine Punkte, die mit der mit Farbe benetzten Pinselspitze behandelt werden. So lässt sich eine Aufhellung mit großer Präzision aufbringen, im Gegensatz zum normalen Trockenmalen, das eher darauf abzielt, Flächen zu behandeln.

Oben und unten: **In diesen Bildern sind einige Phasen des selektiven Trockenmalens zu sehen. Auch hier wird die Grundfarbe des Modells verwendet und mit Weiß oder einer anderen geeigneten Farbe aufgehellt.**

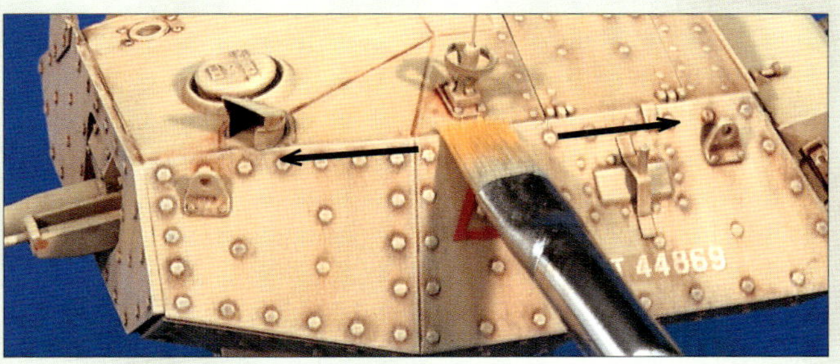

Dabei wird Ölfarbe, Enamelfarbe oder eine Mischung aus beiden verwendet.
Werden Ölfarben verwendet, lassen sich Fehler relativ einfach durch Abwischen entfernen. Bei unserem Crusader kamen die Ölfarben Siena, Siena gebrannt, Cassel Earth, Van Dyck-Braun und Mars-Schwarz zum Einsatz. Um die lästige Randbildung zu vermeiden, empfiehlt es sich, das Modell vor dem Aufbringen des Washings mit reiner Verdünnung einzusprühen, am zweckmäßigsten mit der Spritzpistole. Das gute Gelingen eines Washings hängt auch vom Untergrund ab. Ist der Farbuntergrund inhomogen, körnig oder von unterschiedlicher Intensität, wird auch das Washing sehr ungleichmäßig ausfallen und die gesamte Arbeit am Modell gefährden.
Es ist auch besser, ein leichtes Washing an bestimmten Stellen mehrmals zu wiederholen, anstatt mit einem starken, vielleicht übertriebenen Washing über das Ziel hinaus zu schießen.
Nachdem nun mittels Washing einige Bereiche des Modells abgedunkelt oder betont wurden, wollen wir uns nun den Zonen widmen, die durch Aufhellungen hervorgehoben werden sollen. Für Kanten und helle Zonen ist das Trockenmalen eine sehr verbreitete Technik.

EINE VARIANTE DES TROCKENMALENS (2)

Eine gute Methode, um breite flache Bereiche aufzuhellen, ergibt sich aus der Verwendung von Ölfarben. Dabei wird Ölfarbe in kleinen Mengen zur Grundfarbe des Modells gerührt, um die notwendige Mischung zu erhalten. Ölfarbe hat den großen Vorteil, dass sie sich fast unbegrenzt auf dem Modell verteilen lässt.

1) Eine Mischung aus 90% weißer Ölfarbe und 10% der Modell-Grundfarbe wird vorbereitet. Die Grundfarbe dient dazu, die weiße Ölfarbe etwas abzudämpfen. *2)* Mit der Pinselspitze wird etwas der neuen Mischung an den aufzuhellenden Oberflächen aufgebracht und mit einem zweiten, sauberen Pinsel so lange verteilt, bis sich die Farbe fast aufgelöst hat. *3)* Mit der gleichen Methode können auch nicht waagerechte Flächen des Modells behandelt werden.

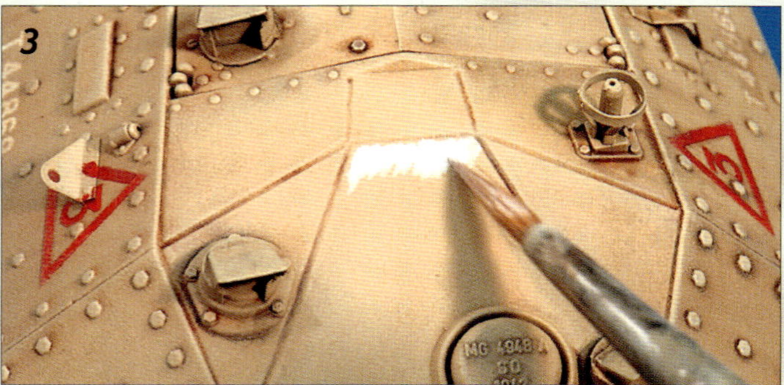

4) Nach einigen Minuten Trocknungszeit kann der nächste Schritt der Behandlung erfolgen. *5)* Die Farbe wird mit einem Pinsel nach unten gezogen, bis sie sich fast aufgelöst hat.

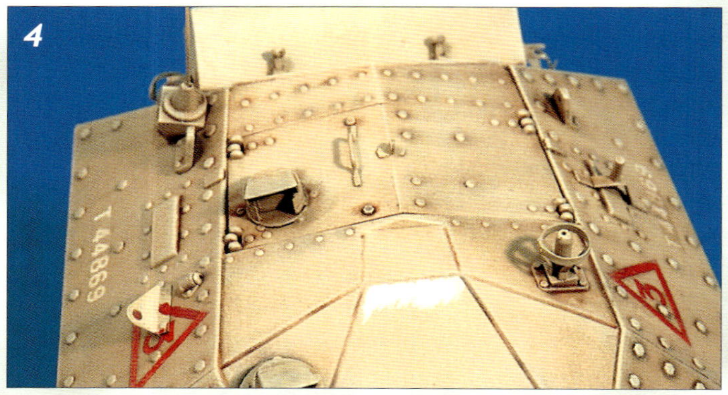

6) Hier ist der fertig behandelte Abschnitt zu sehen. Sollte das Ergebnis noch nicht befriedigen, kann die Prozedur wiederholt werden. Hat man einmal übertrieben, kann die Farbe mit einem mit Verdünnung getränktem Tuch wieder entfernt werden. *7)* Durch Zugabe unterschiedlicher Mengen der Grundfarbe zur weißen Ölfarbe können verschiedene Farbabwandlungen erzeugt werden.

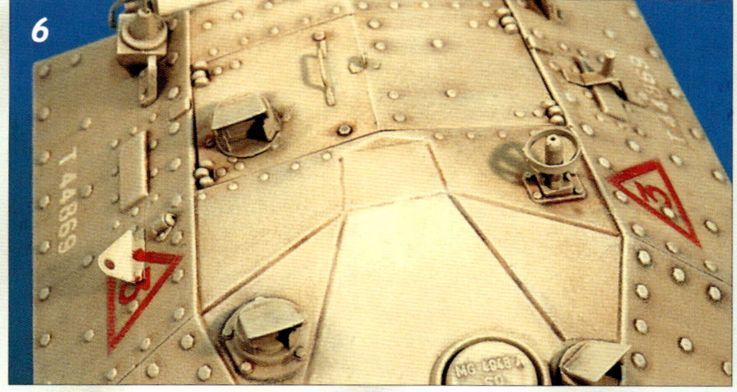

DAS AUFMALEN DES TARNSCHEMAS MIT DEM PINSEL

Die zweite Farbe der Tarnung wird mit dem Pinsel aufgebracht. Das Risiko bei der Verwendung des Pinsels ist natürlich das Sichtbarbleiben der Pinselstriche. Wir werden sehen, wie sich dieser unschöne Effekt vermeiden lässt.

1) Die Umrisse der Flecken werden zuerst mit einem Stift aufgezeichnet, dessen Farbe sich nicht zu stark abhebt. Hier ist es ein grüner Buntstift. *2)* Wir kleiden unsere Palette mit Alufolie aus, damit sie nicht mit Farbe verschmutzt wird. *3)* Nun wird die Farbe angemischt, mit der wir die Flecken malen möchten. Unsere graue Farbe ist eine Mischung aus mehreren Enamelfarben.

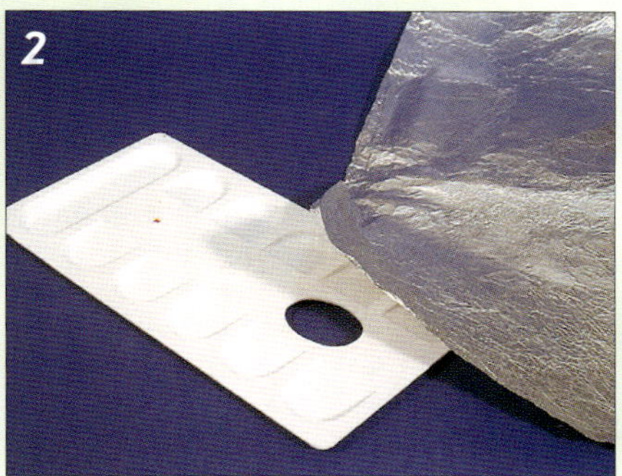

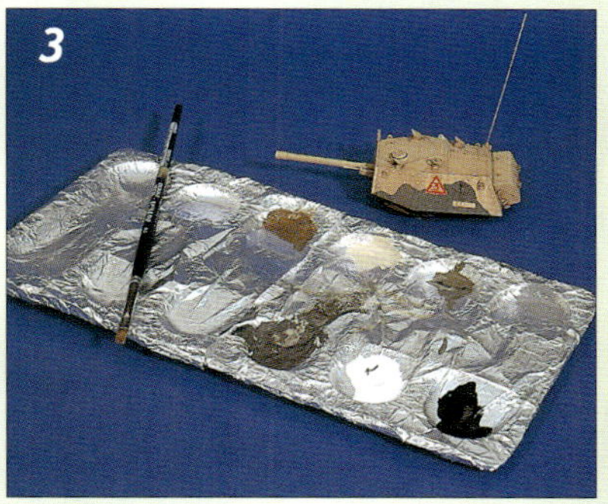

4+5) Um zu vermeiden, dass in der Farbe Pinselstriche zurückbleiben, muß diese verdünnt und in mehreren Schichten aufgetragen werden, bis der gewünschte Deckungsgrad erreicht ist.

6) Nach dem Trocknen erfahren die Flecken noch ein leichtes Washing mit Schwarz, um die dunklen Bereiche hervorzuheben. *7)* Das Modell mit vollständiger Tarnung.

1) **Auch die vorher bei der Bemalung benutzten Farbmischungen kommen wieder zum Einsatz.** *2)* **Der Lackabrieb wird vorzugsweise in den vorher aufgehellten Zonen verwirklicht.**

DIE LACKBESCHÄDIGUNGEN

Um Kratzer u.ä. darzustellen, muß man sich den Aufbau der Lackierung eines Fahrzeugs vorstellen und in der umgekehrten Reihenfolge vorgehen.

3) **Die Farbe der darunterliegenden Farbschicht wird mit dem Pinsel aufgemalt, um Kratzer vorzutäuschen.** *4+5)* **Der Turm vor und nach der Behandlung.**

6+7) **Für die Darstellung einiger Kratzer griffen wir auch auf Acrylfarbe zurück. In diesem Fall ist es Schwarz von Lifecolor.**

8) **Wo wir tiefere Kratzer verwirklichen wollen, ist es notwendig, mit mehreren Farbschichten zu arbeiten, bis man bei der Grundfarbe des Fahrzeuges angelangt ist. Bei der Vortäuschung von Metall ziehen wir in diesem Fall Schwarz einer Metallfarbe vor.**

Trockenmalen in verschiedenen Varianten

Wir holen wieder den Behälter mit unserer Mischung 1 hervor und geben zu ihr 20% H130 Satinweiß hinzu, um so die Mischung 2 zu erhalten. Für das erste von uns durchgeführte Trockenmalen benutzten wir einen Pinsel mit synthetischen Borsten und guter Qualität, um die hexagonalen Bolzenköpfe am Turm zu bearbeiten (s.a. die Abbildungen).

Hätten wir bei der Basis-Lackierung des Modells Acrylfarben benutzt, müssten wir uns dafür natürlich erst den passenden Enamelfarbton suchen oder das Trockenmalen mit den dafür nur eingeschränkt tauglichen Acrylfarben vornehmen. Der Vorteil bei der Verwendung von Enamelfarbe liegt hier also eindeutig in der einfachen Möglichkeit, Ton in Ton zu arbeiten, ohne langwierige Such- und Misch-Aktionen durchführen zu müssen. Die zweite Aufhellungsmaßnahme besteht darin, entlang der Kanten des Modells etwas von der Mischung 2 mit einem feinen Pinsel aufzutragen.

Der dritte Durchgang erfolgt mit einer weiteren Mischung, die sich aus 90% weißer Ölfarbe und 10% der Mischung 2 zusammensetzt. Diese Mischung 3 wurde dazu benutzt, die flächigen, mehr oder weniger waagerechten Bereiche des Modells aufzuhellen.

Einige Minuten nach dem Auftragen von Mischung 3 wird mit Hilfe eines trockenen Flachpinsels wieder etwas von der Farbe abgenommen.

Hätte man bei dieser Methode reines Weiß verwendet, hätte sich dies zu stark von der Basislackierung abgehoben. Durch die Zugabe von 10% der Mischung 2 wird der Kontrast allerdings gedämpft und die Aufhellungen können mit dem Untergrund verschmelzen.

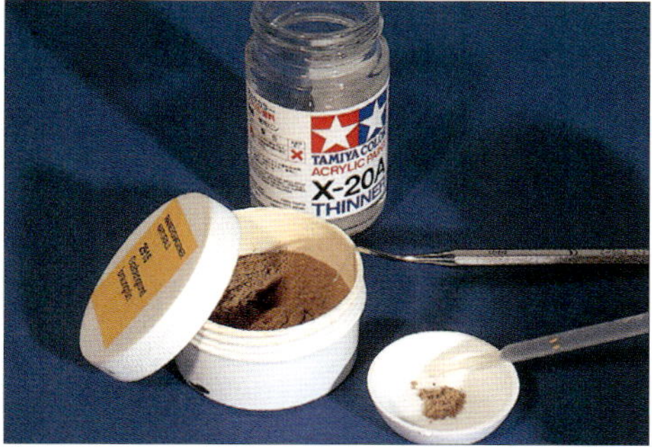

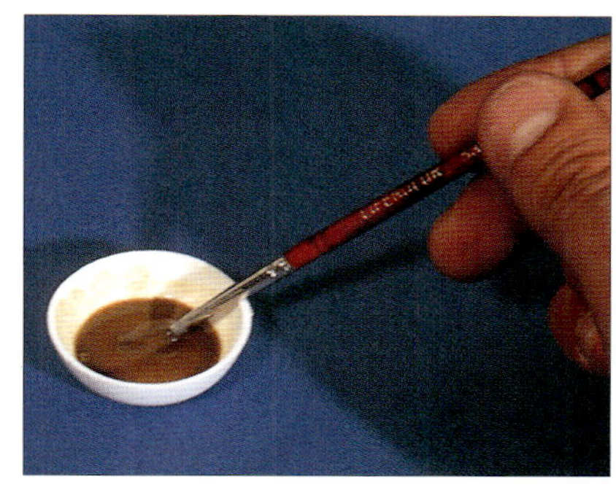

STAUB

Um die Staubwirkung an unserem Modell zu simulieren, griffen wir auf Farbpulver zurück, wie sie in Läden für Künstlerbedarf zu finden sind. Wir entschieden uns dafür, das Pulver mit der Spritzpistole aufzutragen.

Auf dieser Seite: **Das Farbpulver wurde mit Acrylverdünnung von Tamiya vermischt. Diese Verdünnung hat sich als sehr tauglich für diesen Zweck erwiesen und bindet die Farbpigmente so gut, das die aufgesprühte Mischung keiner weiteren Versiegelung bedarf.**

Die Erstellung des Tarnschemas

Wir möchten hier das Erzeugen eines mehrfarbigen Tarnschemas zeigen, wobei die schon vorher besprochenen Techniken beim Umgang mit Enamelfarben sinnvoll fortgeführt werden. Die Briten erprobten verschiedene Wüsten-Tarnschemen, wobei sich das mit der Bezeichnung "Disruptiv Patches" (was frei übersetzt so viel bedeutet wie "Flecken, die das Profil auflösen"), welches sich durch dunkle Flecken über sandfarbenem Grund auszeichnet, als überlegen erwies.
Nicht alle Quellen stimmen beim Farbton der dunklen Flecken überein, denn es wird teilweise Slate Gray (Schiefer-Grau), aber auch Charcoal Gray (Holzkohlen-Grau) genannt. Da wir nicht sicher waren, welche Farbe letztlich die richtige war, wählten wir recht willkürlich die letztere der beiden Angaben und fertigten uns eine Mischung aus den folgenden Enamel-Farben an: H63 Sandbraun matt, H27 Schiefergrau matt, H 85 Anthrazit seidenmatt, H126 Satin-USA-Mittelgrau sowie R87 Erdfarbe von Revell, alle

zu gleichen Anteilen. Das Ergebnis war ein sehr dunkles Grau. Zahlreiche Originalaufnahmen zeigen, dass dieses Tarnschema vornehmlich mit dem Pinsel auf die Panzer aufgebracht wurde, weshalb wir natürlich nach der gleichen Methode vorgehen wollten. Zuerst wurden die Umrisse der Flecken vorsichtig mit einem grünem Buntstift vorgezeichnet und unsere Farbmischung soweit mit Humbrol-Verdünnung versetzt, bis sie eine milchartige Konsistenz hatte. Damit wurden in mehreren Durchgängen zuerst die Umrisse und dann das Innere der Flecken gemalt. Drei bis fünf Maldurchgänge sollten ausreichen, um eine deckende Farbschicht zu erhalten. Auf diese Art und Weise konnten wir bei den Flecken auf die Spritzpistole sowie das dabei unvermeidliche Maskieren verzichten und erhielten zudem ein Finish, das der Verarbeitung mit dem Pinsel beim Original sehr nahe kommt. Bei der Anordnung der Flecken hielten wir uns an die Vorgabe in der Italeri-Bauanleitung. Zusätzlich erhielten die Flecken noch ein leichtes Washing mit stark verdünntem Humbrol-Schwarz.

Das Tarnschema sieht auch die Anwendung der dunklen Farbe an jeweils drei Rädern des Fahrwerks auf jeder Seite vor, um den Panzer aus größerer Entfernung betrachtet, als Lkw erscheinen zu lassen. Die Illusion war komplett, wenn auch noch das sogenannte "Sun Shield" zum Einsatz kam, das aus einem Rohr-Gestänge und Stoff bestand und so die Silhouette eines Lastwagens vortäuschte

Unser Panzer hat allerdings nur zwei dunkle Räder auf der linken und eines auf der rechten Seite, was sich durch einen Tausch von Rädern im Einsatz erklären lässt. Die Ketten erhielten einen Anstrich mit einer Mischung aus dunkelbrauner und schwarzer Enamelfarbe. Die Gummiteile der Räder wurden mit einer dunkelgrauen Enamelfarbe gestrichen.

Lackbeschädigungen und Staub

Um die Lackbeschädigungen an unserem Panzer darzustellen, gingen wir nach dem "Zwiebel"-Prinzip vor. Dabei stellt jede Farbschicht eine Schale der Zwiebel dar, was sich am besten mit dem folgenden Beispiel erklären lässt. Vier Farben - Rot, Schwarz, Gelb und Weiß - sind in einer ineinander folgenden Reihe von konzentrischen Kreisen aufgemalt und stellen somit einen Querschnitt durch eine Art Zwiebel dar. Rot ist ganz außen, dann folgen nach innen Schwarz, Gelb und schließlich in der Mitte Weiß. Wird nun die Zwiebel an verschiedenen Punkten in unterschiedlicher Stärke aufgeritzt, gelangt man zu unterschiedlichen Farbschichten (Schalen). Die Abfolge der Farben ist aber an jeder Stelle gleich, d. h. bei einer geringen Beschädigung wird man nicht bis zum Gelb oder Weiß gelangen und man wird immer auf das Schwarz stoßen, bevor man bis zum Gelb vordringt.

Da dieses Fahrzeug aus Europa kam, ist anzunehmen, dass seine Ursprungsfarbe grün war. Die Sandfarbe und dann die dunkelgrauen Flecken wurden später auf diese Ursprungsfarbe auflackiert. Wir gingen also bei unseren Kratzern und anderen Lackbeschädigungen den umgekehrten Weg und begannen mit kleinen Kratzern in den dunkelgrauen Flecken. Dabei malten wir mit einem feinen spitzen Pinsel einige kleine Punkte bzw. feine Linien mit Sandfarbe (die Mischungen 1, 2 oder 3). Sollten die Beschädigungen stärkerer Natur sein, wurde mit dunklem Grün gearbeitet. Bei den sandfarbenen Bereichen des Panzers konnte natürlich nur noch das Dunkelgrün folgen. Nach Abschluss der Lackbeschädigungen konnte nun das Einstauben des Modells folgen. Anstatt einer normalen Modellbaufarbe verwendeten wir dafür Farbpulver, um einen realistischen Staubeffekt zu erzielen. Es gibt dieses Farbpulver in zahlreichen Farbvarianten. Auch Pastellkreide, die zerrieben wurde, lässt sich dafür verwenden und mit dem Pulver vermischen. Um das Pulver auch mit der Spritzpistole verarbeiten zu

können, wurde es mit Tamiya-Acrylverdünnung vermischt. Wir spritzten diese Staubmischung am unteren Bereich der Wanne und dem Frontbereich auf, also den Bereichen, die während der Fahrt am meisten Staub abbekommen. Wo sich der Staub verstärkt ansammeln konnte, brachten wir mit dem Pinsel zusätzliches Farbpulver auf.

Die Decals

Die verwendeten Decals stammen aus dem Bausatz und wurden noch vor dem Washing angebracht. Wir verwendeten einen Weichmacher, um eine perfekte Haftung auf dem Modell zu erreichen. Vor der Verarbeitung hatten wir mit einem scharfen Messer den überstehenden Trägerfilm abgeschnitten. Die Stellen am Modell, die für ein Decal vorgesehen waren, wurden mit etwas glänzendem Klarlack eingesprüht, um die Haftung der Decals zu erhöhen. Nach dem Anbringer der Decals wurden diese mit mattem Klarlack versiegelt und so mit der Oberfläche des restlichen Modells in Einklang gebracht.

Schlussbetrachtung

Unser Beispiel hat gezeigt, wie sich mit einigen Zubehörteilen und relativ einfachen Mitteln ein sehr ansprechendes Modell verwirklichen lässt. Der Ausgangs-Bausatz ist zwar recht gut, bedarf aber natürlich einiger Verbesserungen. Denn wer möchte schon seine Zeit in ein Modell investieren, das am Ende nicht befriedigt.

Josef Stalin - 2

VON Marco Campanella und Alessandro Bruschi

Aufhellungen und Eindunkelungen stellen im Modellbau die klassische Kombination aus wechselseitigem Trockenmalen und Washing dar. Richtig eingesetzt können diese Techniken einen erstaunlichen Grad an Realismus bei einem Modell bewirken.

Um dieses Modell zu verwirklichen, waren zwei Bausätze notwendig. Dabei stammten die Wanne von Zvezda, der Turm sowie fast das gesamte Fahrwerk mit Laufrollen, Aufhängungen, Leiträdern und Stützrädern allerdings von Dragon, da sie dort wesentlich detaillierter sind. Ansonsten braucht der Zvezda-Bausatz allerdings keinen Vergleich zu scheuen.

Der Zusammenbau begann am unteren Bereich der Wanne, wo zuerst die quadratischen Aufnahmen für die Aufhängungen in 3 mm starke runde Löcher verwandelt wurden, um sie für die runden Zapfen an den Dragon-Aufhängungen vorzubereiten. Zusätzlich wurden rund um die Aufnahmepunkte Bolzenköpfe angebracht, die mit Hilfe eines Punch & Die-Sets angefertigt worden waren. Auch an den Aufnahmen der Stützräder wurden Bolzenköpfe hinzugefügt. Im nächsten Schritt wurden die beiden angegossenen Kettenspann-Vorrichtungen an den Zvezda-Bauteilen entfernt und durch separat vorliegende Teile aus dem Dragon-Bausatz ersetzt. Nach dem Anbringen der vier Schlepphaken war der Zusammenbau am unteren Teil der Wanne vorerst abgeschlossen.

Um die Schweißnähte nachzubilden, wurden heiß gezo-

Auf dieser Seite: **Das Modell ist eine Kombination der besten Teile aus den Zvezda- und Dragon-Bausätzen des JS-2. Die Fotoätzteile stammen von Eduard, das Aluminiumrohr von Jordi Rubio und die Antriebsräder von Friulmodel.**

gene Gießäste mit einem Lösungsmittel aufgeweicht und leicht angelöst. Nach dem Trocknen wurden diese Schweißnähte mit dünnflüssigem Plastik-Klebstoff von Tamiya befestigt.

Die Antriebsräder stammen übrigens von Friul, da die Teile von Zvezda zu wenig detailliert und die von Dragon unterdimensioniert sind. Natürlich wurden auch die Metallketten von Friul eingesetzt.

Was das Oberteil der Wanne betrifft, so wurden die Lüftergitter des Motors durch solche aus dem Ätzteileset von Eduard ersetzt. Unter den Gittern wurde schwarz lackiertes Plastiksheet angebracht, um die Öffnungen nach innen zu schließen. Die zum Anheben der Klappen über dem Motor dienenden Ringe wurden entfernt und durch die aus dem Dragon-Bausatz ersetzt. Auch die Auspuffhutzen stammen von Dragon, die zugehörigen

Links:
Das sowjetische Panzergrün wurde mit Japanischem Navy-Grün von Tamiya dargestellt, das mit Wüsten-Gelb des gleichen Herstellers aufgehellt wurde.
Die mit 50% Tamiya-Verdünnung angemischte Grundfarbe wurde mit der Spritzpistole als dünne homogene Schicht aufgetragen.

Unten: Auf die Grundlackierung wird mit dem Pinsel eine dünne Schicht Leinöl aufgetragen. Das Leinöl trocknet langsamer als normale Verdünnung und erlaubt dadurch eine längere Bearbeitungszeit der Farben in den folgenden Arbeitsschritten. Dabei werden verschiedene Ölfarben verwendet, die in reiner Form und in kleinen Mengen an den senkrechten Flächen des Turms aufgebracht und nach einigen Minuten Antrocknungszeit mit einem Flachpinsel nach unten ausgestrichen werden. Damit lässt sich eine Art Verwisch-Effekt erzeugen, der die Gleichförmigkeit der Grundlackierung aufhebt. Das Verfahren kann mehrfach wiederholt werden, bis das gewünschte Ergebnis erreicht ist.

Unten: Die Verwirklichung der Wischeffekte an den waagerechten Flächen. 1) Ein ausgesuchter Bereich (z. B. eine Panzerplatte oder eine andere strukturelle Zone) wird mit Verdünnung eingepinselt. 2) Auf dieser Fläche werden nun Tupfer aus kleinen Farbmengen in verschiedenen Farbtönen aufgebracht.

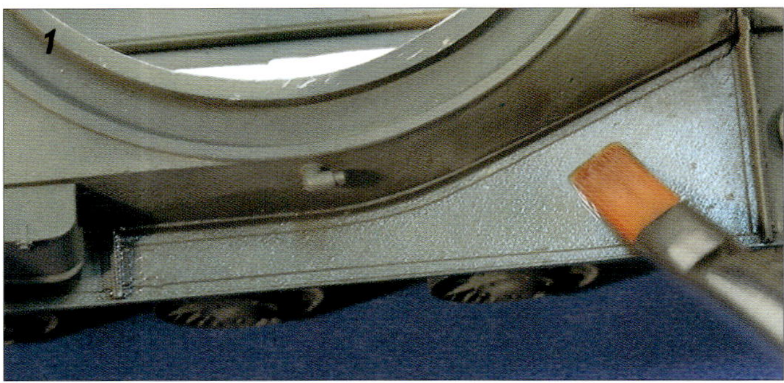

Unten: 3) Nach einigen Minuten wird dieser Bereich mit dem Flachpinsel trommelnd bearbeitet, damit sich die Ölfarben verteilen. 4) So sieht der Bereich nach der ersten Behandlung aus. Die Änderung im Farbton ist deutlich zu erkennen. Nach der Wiederholung des Verfahrens auf der gesamten Wanne kehren wir wieder hierher zurück für eine weitere Behandlung, bis das gewünschte Ergebnis erreicht ist. Es ist notwendig, bei dieser Technik systematisch vorzugehen und keinen Bereich auszulassen, damit nicht zu viele unterschiedliche Farbtöne entstehen.

Leitbleche entstanden aus Plastiksheet.
Die Kotflügel wurden auf der gesamten Länge dünner geschliffen und ihre Stützen durch fotogeätzte Teile ersetzt. Die äußere Kante der Kotflügel wurde durch Evergreenprofil mit den Maßen 0,25 x 1 mm neu aufgebaut. Das Scharnier zum Öffnen der Klappe am Heck wurde aus Draht und runden Plastikstückchen angefertigt. Die Zusatztanks stammen aus dem Zvezda-Bausatz, da sie mit in der Form korrekten Stützen und den richtigen Abmessungen ausgestattet sind. Die Behälter selbst wurden noch mit Griffen und neuen Befestigungsbändern versehen.
Der Turm stammt von Dragon und wurde zunächst von allen Schweißnähten befreit, die im Anschluss wieder aus Gießästen neu aufgebaut wurden. Die Haltegriffe für aufgesessene Infanterie und Details an den Klappen wurden aus Kupferdraht in verschiedenen Stärken angefertigt. Das gedrehte Aluminiumrohr stammt von Jordi Rubio, wobei die Mündungsbremse etwas abgeändert wurde.

Grundsätzliches zur Bemalung

Bei der Erstellung eines realistischen Modells ist es in den meisten Fällen notwendig, sich mehr oder weniger intensiv mit dem Vorbild zu beschäftigen. Historische Bilder des Vorbilds stellen dabei eine gute Möglichkeit dar, charakteristische Eigenschaften eines Fahrzeugs zu erkennen, die dann in der Malphase wiedergegeben werden können. Da ist z.B. die Art und Weise, wie sich Schlamm und andere Verschmutzungen an einem Fahrzeug festsetzen und wo sich Schmutzansammlungen bilden. Oder welche Stellen am Fahrzeug durch die eigene Besatzung besonders häufig betreten werden, was seine Spuren an der Lackierung hinterlässt. Es ist also sehr hilfreich, sich verschiedene Vorbildaufnahmen genauer zu betrachten, um diese typischen Eigenschaften erkennen zu können. Uns schwebte bei der Verwirklichung des Modells ein Fahrzeug vor, das schon einige Einsätze hinter sich hatte, die ihre Spuren hinterlassen hatten. Wir betrachteten deshalb auch einige reale Raupenfahrzeuge, wie Bagger und Planierraupen, um uns sozusagen am “lebenden Objekt” ein Bild über Art und Weise der Verschmutzungen zu machen. Ein Linienbus lieferte uns interessante Einblicke über Variationen seiner einfarbigen Karosserie, wie sich der Staub in verschiedenen Winkeln ablagert oder welche Wirkung der Regen auf die Verteilung der Verschmutzungen hat und sich der Schmutz in verschiedenen Bereichen anhäuft.

Unten:
Die verwendeten Farbpulver und Kreiden. Sie werden in den unterschiedlichsten Formen angeboten und sind in der Regel untereinander mischbar. Sehr interessant ist ihre Eigenschaft, nicht zu verklumpen, was sie gut mischbar mit vielen Modellbaufarben und Verdünnung macht.

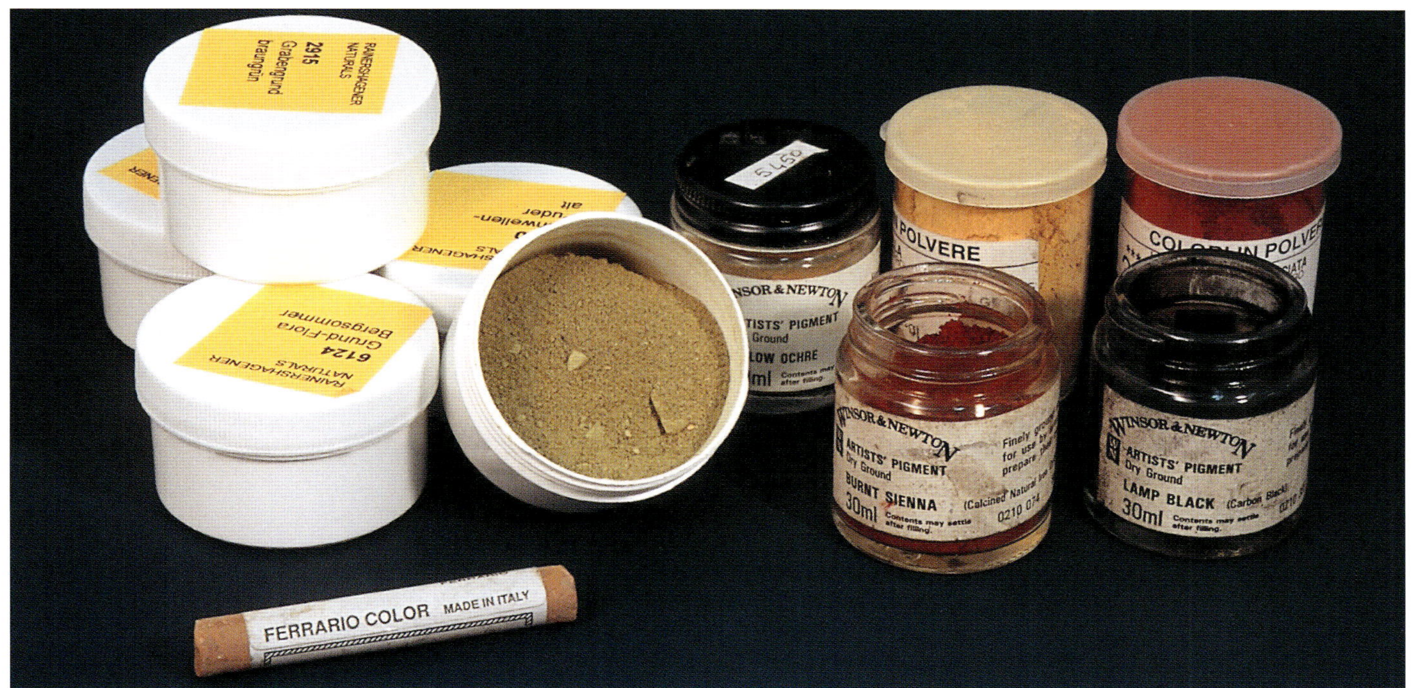

DIE REALISIERUNG VON WISCHEFFEKTEN

Wischeffekte oder Verwischungen können sowohl mit Ölfarben als auch mit Enamelfarben und Farbpulvern durchgeführt werden: *1)* **Wir geben Ölfarbe auf einen Karton und warten, bis ein Großteil des Bindemittels aufgesaugt wurde.** *2)* **An den ausgesuchten Stellen, die vorher mit Leinöl bestrichen wurden, bringen wir dünne senkrechte Striche auf.**

1

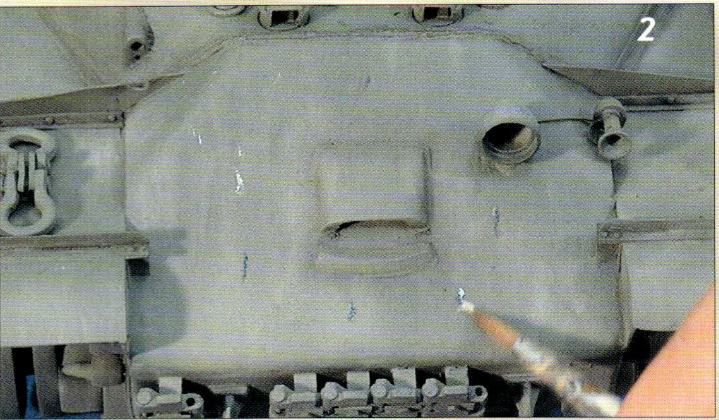
2

3 + 4) **Nach ca. 10 Minuten wird die Farbe nach unten ausgestrichen, so dass sich in ihrem Verlauf verschiedene Ausprägungen des Farbtons ergeben. Nach der ersten Anwendung muß ein dünner Schleier der Farbe an der Modelloberfläche verbleiben, der gerade noch sichtbar ist. Hat man die Sache übertrieben, kann die Farbe - bevor sie getrocknet ist – mit einem mit Verdünnung befeuchteten Pinsel entfernt werden.**

3

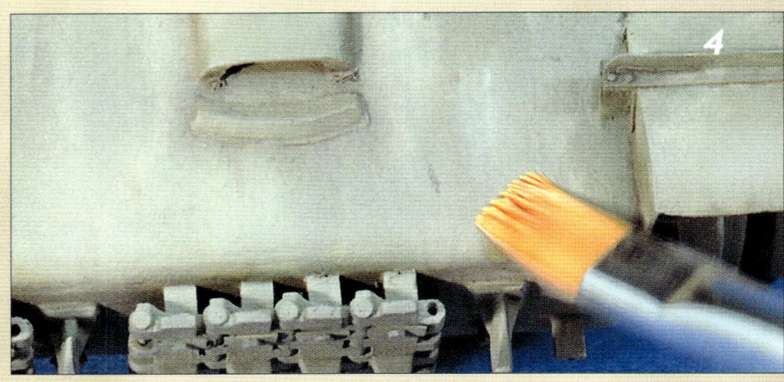
4

5

5) **Der Vorgang wird bis zum Erreichen des gewünschten Ergebnisses mehrfach wiederholt.**

6–8) **Man kann auch Farbpulver, pur oder mit Leinöl angemischt, verwenden. Die Ergebnisse sind allerdings unterschiedlich, denn im ersten Fall erhält man ein Bild, ähnlich wie bei den Ölfarben (also eine Art Verschmelzung mit der Untergrundfarbe), im zweiten Fall erinnert das Ganze mehr an das Auftragen von Staub. Da jeweils kein Bindemittel vorhanden ist, sollten Farbpulver erst in den letzten Phasen der Bearbeitung eingesetzt werden.**

6

7

8

Rechts:
Die Treibstofftanks erhalten einen etwas anderen Anstrich als der Panzer. Der Grund liegt darin, dass dem Betrachter suggeriert werden soll, dass die Behälter von einem anderen Fahrzeug übernommen wurden. Durch die Verwischungen hat die Wanne trotz der Variationen der Grundfarbe ein sehr homogenes Aussehen.

Leinöl hat die Eigenschaft, nach dem Trocknen zu glänzen, wenn es pur verwendet wird. Diese Eigenschaft lässt sich beim Nachbilden der durch übergelaufenen Treibstoff entstandenen Rückstände ausnutzen. Um den Glanz des Leinöls etwas zu vermindern, wird es mit 50% Verdünnung gemischt. Mit etwas schwarzer Ölfarbe wird der Fleck zusätzlich hervorgehoben.

Unten: Die Beschriftung am Turm lässt sich mit einer selbsthaftenden Schablone von Eduard sehr einfach realisieren.

Ein weiterer wichtiger Aspekt ist die nachlassende Farbintensität. Was ist eigentlich darunter zu verstehen? Mit diesem Phänomen haben sich schon in der Vergangenheit viele Maler auseinandergesetzt und in vielen Landschaftsbildern setzten sie eine Technik ein, die auch im Modellbau Verwendung finden kann. Das Ganze beruht darauf, dass mit zunehmender Entfernung von einem Gegenstand seine Farbintensität abnimmt, da die Luftpartikel, die sich zwischen Gegenstand und Betrachter befinden, sozusagen als Filter wirken. Je mehr sich also der Betrachter vom Gegenstand entfernt, um so mehr Luftpartikel liegen zwischen ihm und dem Objekt, was zu einer stetig abnehmenden Intensität der Farben führt. Ein maßstäbliches Modell ist also ein Abbild des Originals, das quasi aus einer bestimmten Entfernung betrachtet wird. Bei einem knallrotem Ferrari wird man diesen Effekt wohl kaum berücksichtigen, bei einem Militärmodell eröffnen sich aber recht interessante Möglichkeiten und Interpretationsspielräume.

Auch das Erscheinungsbild größerer einheitlich lackierter Flächen kann durchaus variieren. Die anfängliche Gleichmäßigkeit kann durch unterschiedliche Einwirkungen verändert werden: die Sonne bleicht bestimmte Zonen stärker aus, der Lack wurde nicht gleichmäßig aufgetragen oder Brennstoff und Auspuffgase haben die Oberfläche angegriffen und auch die vom Motor ausgehende Wärme hat ihren Anteil an der Variabilität der Farbtöne. Natürlich können auch einige Teile ausgetauscht worden sein und sind, wenn sie von anderen Fahrzeugen stammen, vielleicht sogar in einer anderen Farbe lackiert. Auch die Verteilung und Intensität von Verschmutzungen ist eine Ursache für das variierende Erscheinungsbild ursprünglich einheitlich lackierter Flächen oder Fahrzeuge.

Die genannten Erscheinungen und Effekte sind an einem Modell nicht immer einfach zu realisieren und allzu oft werden unsere Mühen nicht mit dem erhofften Erfolg gekrönt. Eine Schicht Staub zu viel könnte z. B. die Alterung übertrieben und das Modell plump wirken lassen. Auch möchte man manchmal umfangreiche und aufwendige Änderungen, die man vorgenommen hat, nicht unter einer Dreckschicht verschwinden lassen. Es ist jedenfalls eine Tatsache, dass auch ohne Alterung optisch sehr ansehnliche Modelle zu verwirklichen sind und es lassen sich schließlich in den Fachzeitschriften viele solcher Modelle bewundern, die mehr oder weniger ohne Alterung auskommen.

Was ist nun aber der Reiz bzw. der Vorteil eines gealterten Modells? Es ist wohl einfach die Geschichte, die von einem solchen Modell erzählt wird. Die zu entdeckenden Beschädigungen, die mehr oder weniger auffälligen Unterschiede im Lack oder die Verschmutzungen können das Ergebnis langer staubiger Marschfahrten, harter Kämpfe und vieler anderer Ereignisse sein, die das Erscheinungsbild unseres Modells nachhaltig geprägt und ihren Teil zur Geschichte des Fahrzeugs beigetragen haben.

ÖLABLAGERUNGEN

Vor dem Anbringen der Ölablagerungen an den Wartungsklappen des Motors werden die Scharniere mit Maskol abgedeckt, damit sie unbeeinflußt bleiben. Solche Details, die man auf Originalbildern entdecken kann, machen ein Modell realistischer.

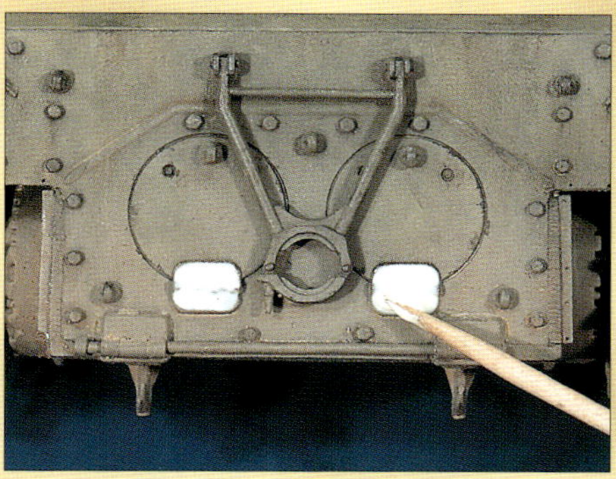

DIE AUSPUFFGASE

Um die Verschmutzungen durch die Auspuffgase zu verwirklichen, wird mit der Spritzpistole schwarzes Farbpulver aufgesprüht, das mit Verdünnung vermischt wurde. Der Bereich, der nicht von den Abgasen beinträchtigt werden soll, wird vorher mit Maskierband sorgfältig abgedeckt.

Unten:
Durch Reiben an den Kanten mit einem harten Pinsel wird die Farbe dort etwas aufgehellt.

Unten: Um den Lackabrieb darzustellen, wird etwas Graphit an den Kanten und anderen exponierten Stellen aufgetragen. Dies erfolgt mit der Spitze eines weichen Bleistifts, wodurch eine ausreichende Präzision möglich wird.

DIE KETTEN

Nachdem die Metallketten mit Braun und Schwarz bemalt sind, können sie durch eine einfache Maßnahme noch realistischer gestaltet werden. Die Teile, die mit dem Boden in Kontakt kommen, werden mit einem Schleifblock so bearbeitet, bis das blanke Metall wieder zum Vorschein kommt.

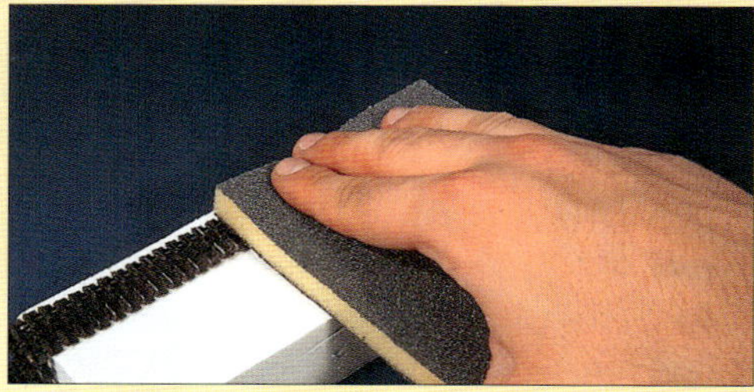

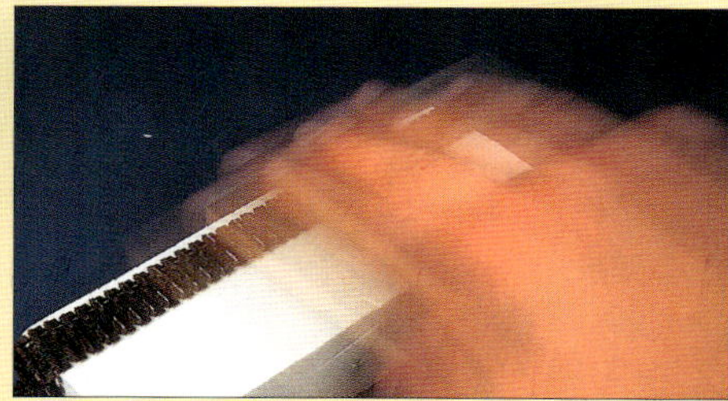

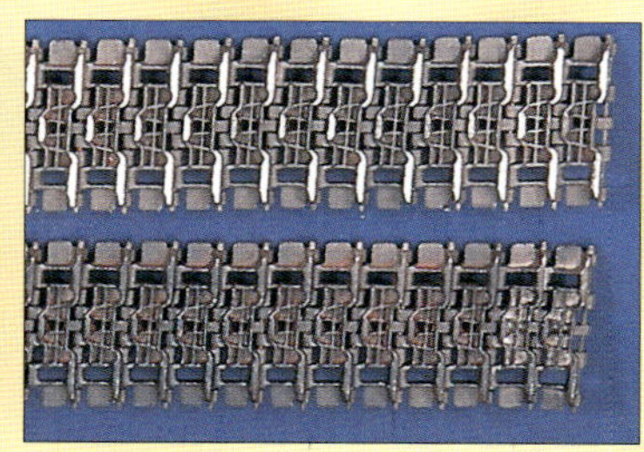

Eine einfarbige Erscheinung

Die meisten von der Sowjetunion im 2. Weltkrieg eingesetzten Panzerfahrzeuge waren ganz in Grün lackiert. Diese Tatsache könnte nun als Beschränkung bei der Gestaltung eines Modells angesehen werden. Doch wir werden sehen, wie sich diese einfarbige Lackierung als interessantes komplexes Schema mit unterschiedlichen Farbtönen darstellen lässt. Die benutzte Technik zum Variieren des Modells beruht dabei auf dem Prinzip, mit der Spritzpistole notwendige Abwandlungen der dunklen Grundfarbe aufzutragen. Die grüne Grundfarbe wird also Schicht für Schicht in ihrem Farbton abgeändert.

Die grüne Grundbemalung

Die grüne Grundfarbe wurde direkt auf das Plastik gespritzt, nachdem das Modell mit Seifenwasser gereinigt und getrocknet war. Es wurde XF-11 Jap. Navy-Grün von Tamiya ausgewählt, das mit 50% Verdünnung des gleichen Herstellers ver-

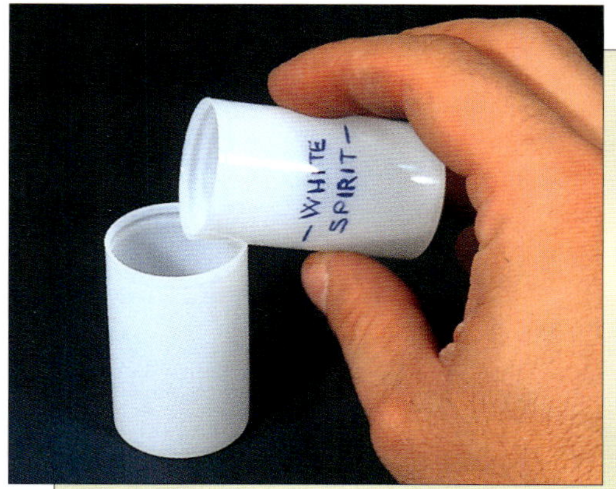

Um den am Laufwerk angesammelten Schmutz darzustellen, wird von schräg unten, aus einer Entfernung von ca. 10 cm, eine Mischung aus Verdünnung, sandfarbenem Farbpulver und Leinöl aufgespritzt.

setzt worden war. Diese Farbe ist eigentlich für japanische Marine-Flugzeuge aus dem 2. Weltkrieg gedacht, eignet sich aber auch für das sowjetische Grün sehr gut.

Für die ersten Aufhellungen wurde dieses Grün nun fortlaufend mit zunehmenden Anteilen an XF-59 Wüsten-Gelb versetzt, bis der gewünschte Farbton erreicht war. Damit wurden nun in der Folge ausgesuchte Bereiche des Modells gespritzt.

Der erzielte Effekt an dem Panzer war bis zu diesem Zeitpunkt noch nicht sehr beeindruckend. Der Unterschied zwischen Grundfarbe und Aufhellungen wirkte noch wenig realistisch.

Die Alterung

Um das Altern des Modells, darunter auch die oben erwähnte nachlassende Farbintensität, zu verwirklichen, wurden verschiedene Farbsorten verwendet: Ölfarben, zerriebene Pastellkreide, Enamelfarben und vor allem Farbpulver. Diese Farbsorten wurden mit einer Verdünnung vermischt, die sich aus jeweils 50% Leinöl und Terpentinersatz zusammensetzte. Die Farben wurden teilweise in mehrfach übereinander angeordneten Schichten aufgebracht, bis der

gewünschte Effekt erreicht war. Auch erste Schmutz- und Staub-Ablagerungen wurden damit erzeugt.
Das Modell wird idealerweise in kleine Arbeitsflächen unterteilt, wie z. B. die einzelnen Panzerplatten der Wanne. Während der Bemalungsphase werden diese Flächen dann noch weiter unterteilt, bis sich die Bearbeitung dann jeweils noch auf einige Quadratmilimeter konzentriert. Bei der gesamten Vorgehensweise muss man sich vom eigenen Gefühl leiten lassen, um so ein realistisches Aussehen zu erhalten. Unser Modell erhielt circa 40 verschiedene dünne Farbaufträge, die teilweise übereinander angebracht wurden, bis ein befriedigendes Ergebnis erreicht worden war.
Das ganze Modell wurde anschließend mit einer dünnen Schicht Leinöl bedeckt. Leinöl hat den Vorteil, dass es langsamer trocknet als normale Verdünnung und damit eine längere Bearbeitungszeit ermöglicht wird. Auf der noch feuchten Oberfläche werden nun an den senkrechten Flächen dünne Farbstreifen angebracht. Gewöhnlich werden dafür Öl- oder Enamelfarben verwendet, die auch als Bindemittel für die Farbpulver dienen können.
Wenn die Farbe nun zu trocknen beginnt, wird sie mit Hilfe eines 5-6 mm breiten Flachpinsels nach unten gezogen. Der Pinsel kann dabei trocken oder leicht feucht sein, je nach Wunsch des Modellbauers.
Bei dieser Vorgehensweise gilt es zu beachten, dass die unterschiedlichen Farbtypen auch verschieden während der Bearbeitung reagieren. Der Umgang mit Ölfarben ist dabei am einfachsten und sie werden auch in zahlreichen Farben angeboten. Die Enamelfarben haben den Vorteil, dass sie aus dem Modellbaubereich stammen und deshalb auch viele spezifische Tarn-Farbtöne verfügbar sind. Der Unterschied zu den Ölfarben ist die schnellere Trocknungszeit der Enamelfarben, was eine kürzere Bearbeitungsdauer nach sich zieht.
Farbpulver und zerriebene Pastellkreiden sind sozusagen reine Farbpigmente und da sie ohne Bindemittel auskommen müssen, sind sie bei reiner Anwendung etwas heikel in der Verarbeitung und haften u. U. auch nicht sehr gut.

Literatur

- JS Series, Model Art, japanischer Text
- JS II, Armada Nr. 6, russischer Text
- Stalin's Heavy Tanks 1941-45, Concord Publications Nr. 7012, englischer Text
- Ground Power Nr. 41, japanischer Text
- Panzer History Nr. 28 und 29, russischer Text
- J Stalin II, New Vanguard, Osprey Publishing, englischer Text

Carro armato M13/40

MODELL VON Marco Campanella und Alessandro Bruschi

DARSTELLUNG EINES AUFGEGEBENEN FAHRZEUGES

Die Gründe für die Wahl eines bestimmten Modells können sehr vielfältig sein. Da sind das Interesse für einen bestimmten Zeitabschnitt oder einen spezifischen Kriegsschauplatz, die Bevorzugung einer bestimmten Fahrzeugkategorie oder auch der Reiz, der von einem etwas exotischen Aussehen eines Fahrzeugs ausgeht. Dieser letzte Fall trifft auch bei dem von uns ausgewählten M13/40 zu. Ein Panzer, dessen Konstruktion auf bereits überholten Konzepten beruhte und der unter harten klimatischen und strategisch ungünstigen Bedingungen gegen einen zahlenmäßig und technologisch überlegenen Gegner antreten mußte.

Oben: **Für unser Modell benutzten wir dunkelgelbe Teile aus einem Italeri-Bausatz und graue Plastikteile aus dem ansonsten identischen Zvezda-Bausatz. Die hellgrauen Resinteile stammen aus dem Detailset von Model Victoria.**

Der Zusammenbau

Der ursprünglich von Italeri angebotene Bausatz ist mittlerweile im Programm von Zvezda und kann nach wie vor als recht gelungen bezeichnet werden. Auch wenn der Bausatz, so wie er in der Schachtel ist, eigentlich nur den Bau der Version M14 zulässt. Dieses Problem lässt sich aber glücklicherweise durch einen von Model Victoria angebotenen Umbausatz beheben, mit dem sich ein M13/40 der dritten Serie erstellen lässt. Dank dieses Sets erlebt der alte Italeri-Bausatz praktisch einen zweiten Frühling.

Wir haben für den Bau unseres Modells zwei Bausätze des M13/40 verwendet: einen alten von Italeri mit dunkelgelben Spritzlingen und einen von Zvezda, der in dunkelgrauem Plastik gespritzt ist. In beiden Bausätzen fehlten schon Teile, die anderweitig verwendet worden waren, und so konnten wir aus den Resten ein neues Modell erstellen.

Der Zusammenbau begann am unteren Teil der Wanne mit den Fahrwerksteilen. Der größte Eingriff war hier die Entfernung der Klammern an den Federpaketen und deren Neuaufbau. Dabei kamen Abschnitte eines U-Profils von Evergreen zum Einsatz, die oben an der offenen Seite mit kleinen Plastikstangen verbunden und außen mit Bolzenköpfen versehen wurden.

Oben: **Das Set von Model Victoria enthält auch sehr brauchbare Fotoätzteile wie das Nummernschild oder die Kühlergitter.**

Oben und links:
Zwei verschiedene Ansichten des montierten Modells, bereit zum Lackieren. Das Aluminiumrohr stammt aus der Produktion von RCR, die Halterung für das Breda-MG entstand im Eigenbau. Vor Beginn der Lackierarbeiten wurde das Modell gereinigt, um Verschmutzungen, die während des Zusammenbaus entstanden, zu beseitigen.

Links: **Das Modell nach dem Aufbringen der beiden Sandfarben von Gunze Sangyo mit der Spritzpistole.**

hexagonale Bolzenköpfe angebracht.
Der Resinmotor stammt von Historica Production und wurde mit einigen Zusatzteilen wie Kühlerschläuche aus Kupferdraht und einigen Plastikteilen ergänzt. Der Turm erfuhr nur wenige Veränderungen, lediglich die Halterung des Breda-MGs wurde aus Evergreen-Streifen und -Rohren neu aufgebaut. Das gedrehte Aluminium-Geschützrohr des Modells stammt von RCR. Der Zusammenbau endete mit dem Anbringen der Resin-Einzelgliederketten von Model Victoria. Die Teile sind sehr sauber gegossen und bedürfen nach der Abtrennung vom Anguss keiner Nacharbeiten mehr.
Nachdem die Innenseite der Scheinwerfer mit Silber bemalt worden waren, erhielten sie eine Füllung aus einem klaren Zweikomponentenkleber, um so realistische Scheinwerfergläser darzustellen. Schließlich wurde noch eine optische Faser, die wegen ihrer Elastizität dafür sehr gut geeignet ist, als Antenne verwendet.

Auch an den zentralen Verbindungsblöcken der Aufhängungen wurden an den Oberseiten Bolzenköpfe gleichen Ausmaßes angebracht, da die an den Bausatzteilen vorhandenen unterdimensioniert sind. Die Laufräder wurden mit grobem Schleifpapier behandelt und mit Flüssigkleber eingepinselt, um den Verschleiß an den Gummibelägen zu simulieren.
Was die genieteten Verstärkungsplatten betrifft, jeweils zwei vorne und hinten am Fahrzeug, so entstanden diese im Eigenbau aus Plastiksheet und mit Hilfe eines Punch & Die-Sets hergestellten Bolzenköpfen. Diese vier Platten stellen den einzigen Fall dar, in dem wir die sehr guten Fotoätzteile aus dem Set von Model Victoria nicht verwendeten. Am hinteren Teil des Fahrzeugs wurden aber andere Resin- und Fotoätzteile aus diesem Set verwendet und zusätzlich 14 selbst gefertigte

Warum ein Wrack?

Nachdem wir das Modell soweit montiert und die Bemalung bereits begonnen hatten, waren wir uns einig, dass unser M13-Modell einfach zu wenig Individualität aufzuweisen hatte.

Am Modell wurden mehrere Washings mit verdünnter Ölfarbe vorgenommen. Sie dienen einerseits dazu, die Kontraste zwischen den Farben zu verringern, heben andererseits aber auch die Gravuren und Vertiefungen am Modell hervor. Ein Verfahren, um die Kontraste zu vermindern wird in diesen Aufnahmen gezeigt. *1)* **Die für unseren Zweck geeigneten Farben werden ausgewählt.** *2)* **Das Modell wird mit Verdünnung angefeuchtet.** *3)* **Kleine Farbstreifen aus Ölfarbe werden aufgebracht.** *4)* **Nach einigen Minuten Trocknungszeit wird die Farbe mit einem trockenen Flachpinsel nach unten gezogen.**

Um dies zu ändern und dem Modell mehr Leben und damit Ausstrahlung zu verleihen, entschieden wir uns, daraus ein beschädigtes und verlassenes Fahrzeug zu machen.
Der Ausdruck “dem Fahrzeug mehr Leben verleihen” scheint im Zusammenhang mit einem zerstörten Fahrzeug wenig glücklich. Aber damit soll ja die Wirkung ausgedrückt werden, die das Modell auf den Betrachter hat. Es soll seine Geschichte auf einem wenig mehr als 10 cm großen Sockel erzählen.

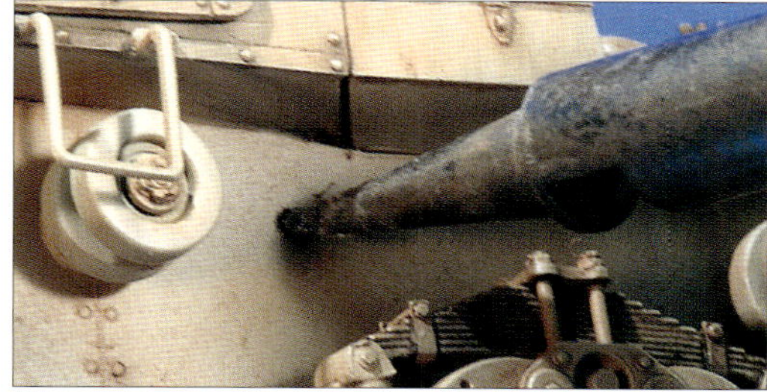

Oben: **Die Entscheidung, ein zerstörtes Fahrzeug darzustellen, wurde erst während der Bemalung getroffen. Um die Einschußlöcher zu erzeugen, wurde zuerst ein Bohrer mit dem passenden Durchmesser benutzt. Anschließend wurden die Löcher noch mit Hitze behandelt, um geschmolzenes Metall zu simulieren.**

Wir entschlossen uns, einen Panzer darzustellen, der am Motorabteil einen entscheidenden Treffer erhalten hatte. Auch überlegten wir uns, dass aufgrund des Dieselmotors keine allzu großen Brandauswirkungen zu erwarten waren. Um die insgesamt recht verhaltenen Schäden zu rechtfertigen, musste eine recht kleinkalibrige Waffe den Panzer getroffen haben. Ein 12,7 mm-Geschoß hätte nicht gereicht, die am Modell dargestellten Schäden an der Kette und der Wannenseite zu verursachen. Aber die bei den Alliierten in Nordafrika recht weit verbreitete 37 mm-Kanone des M3 Stuart hätte diese Beschädigungen durchaus verursachen können. Es sind zwar keine eklatanten Schäden, aber sie haben ausgereicht, den Panzer unbrauchbar zu machen. Ein weiteres Geschoß traf den Panzer weiter vorne, fast schon unterhalb des Turms, konnte die Panzerung der Wanne zwar nicht durchschlagen, reichte aber aus, einen Bolzen abzusprengen. Ein Vorgang, der an italienischen Panzern häufig zu beobachten war.

Eine Besonderheit an unserem Modell ist, dass wir die Entscheidung für ein beschädigtes Fahrzeug nicht schon beim Zusammenbau, sondern erst während der Bemalung trafen. Die Einschusslöcher wurden deshalb auch erst nach dem Aufbringen der Grundfarbe angelegt. Auch das verbrannte Rad und die verbeulten Zonen wurden erst während der verschiedenen Bemalungsphasen verwirklicht. Aber davon später mehr.
Jedenfalls hat unser Modell sozusagen zwei Seiten: eine rechte ohne sichtbare Beschädigungen und eine linke, die doch recht deutlich in Mitleidenschaft gezogen ist.

Vorbereitung der Bemalung

Zuerst gilt es zu überlegen, noch bevor die Montage der Wanne erfolgt, welche und wie viele Farbschichten am Modell aufgebracht werden müssen. Warum? Ein einfacher Grund: so ein Panzer hat durchaus schon ein bewegtes Leben hinter sich, was sich am Modell in verschiedenen Behandlungen mit unter-

Auf diesem Foto sind alle Produkte zu sehen, die beim Lackieren und Altern des Modells eingesetzt wurden. Viele der Produkte, wie die Farbpulver, die Enamelfarben, die Ölfarben oder die Metallfarbe wurden vor der Verwendung untereinander vermischt.

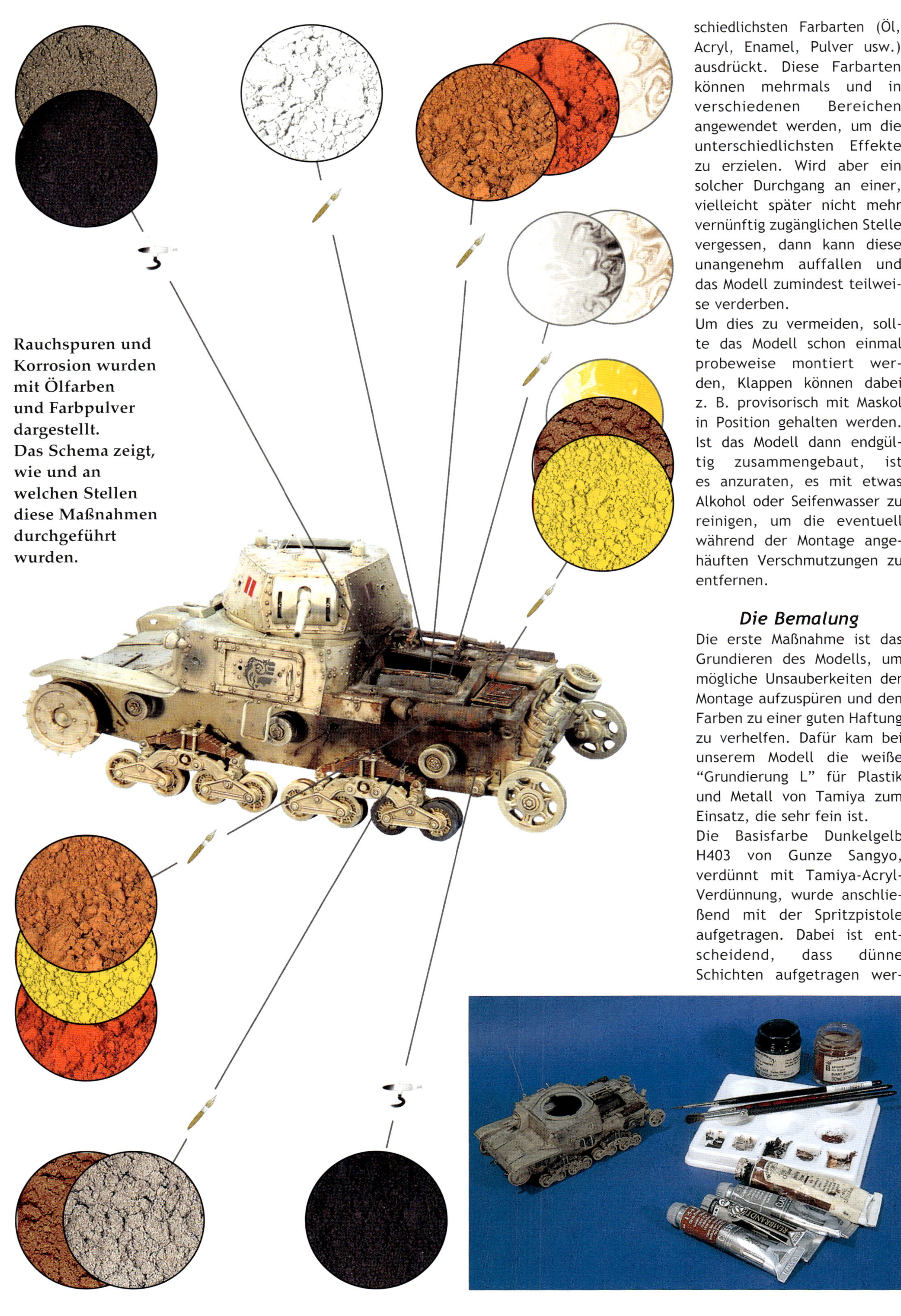

Rauchspuren und Korrosion wurden mit Ölfarben und Farbpulver dargestellt. Das Schema zeigt, wie und an welchen Stellen diese Maßnahmen durchgeführt wurden.

schiedlichsten Farbarten (Öl, Acryl, Enamel, Pulver usw.) ausdrückt. Diese Farbarten können mehrmals und in verschiedenen Bereichen angewendet werden, um die unterschiedlichsten Effekte zu erzielen. Wird aber ein solcher Durchgang an einer, vielleicht später nicht mehr vernünftig zugänglichen Stelle vergessen, dann kann diese unangenehm auffallen und das Modell zumindest teilweise verderben.

Um dies zu vermeiden, sollte das Modell schon einmal probeweise montiert werden, Klappen können dabei z. B. provisorisch mit Maskol in Position gehalten werden. Ist das Modell dann endgültig zusammengebaut, ist es anzuraten, es mit etwas Alkohol oder Seifenwasser zu reinigen, um die eventuell während der Montage angehäuften Verschmutzungen zu entfernen.

Die Bemalung

Die erste Maßnahme ist das Grundieren des Modells, um mögliche Unsauberkeiten der Montage aufzuspüren und den Farben zu einer guten Haftung zu verhelfen. Dafür kam bei unserem Modell die weiße "Grundierung L" für Plastik und Metall von Tamiya zum Einsatz, die sehr fein ist.

Die Basisfarbe Dunkelgelb H403 von Gunze Sangyo, verdünnt mit Tamiya-Acryl-Verdünnung, wurde anschließend mit der Spritzpistole aufgetragen. Dabei ist entscheidend, dass dünne Schichten aufgetragen wer-

Der Motor wurde zuerst mit den Basisfarben bemalt, um dann mit verschiedenen Farbmischungen (aus Ölfarbe, Farbpulver, Enamelfarbe) die Auswirkungen des Brandes im Motorraum darzustellen.
Im Motorraum wurde vor allem eine dunkle Mischung aus Farbpulver und Verdünnung gespritzt, um den Ruß darzustellen. Auch die anderen Stellen mit Korrosion und Beschädigungen wurden getreu wiedergegeben.

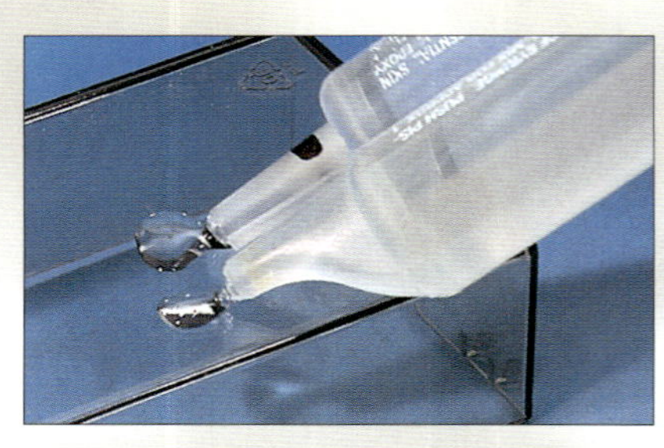
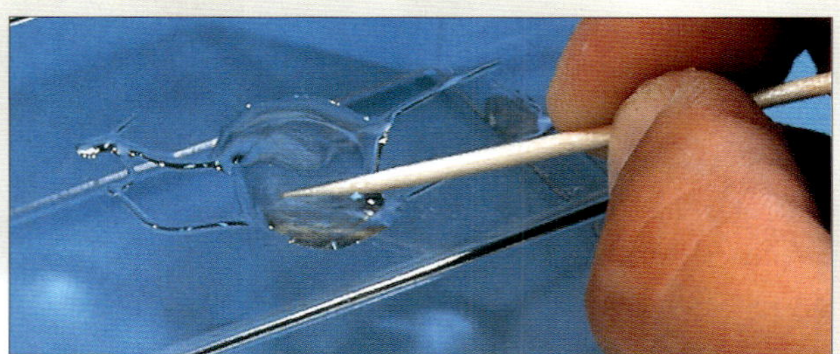

DIE REALISTISCHE DARSTELLUNG DER SCHEINWERFERGLÄSER

Hier wird demonstriert, wie sich Scheinwerfergläser durch die Verwendung eines klaren Zweikomponenten-Klebers sehr schön darstellen lassen. Das wichtigste beim Anmischen des Zweikomponenten-Klebers ist das Vermeiden von Luftblasen. Deshalb müssen die beiden Komponenten langsam und bedächtig vermischt werden. Bevor der Klebstoff in den Scheinwerfer gegossen wird, muß dieser auf der Innenseite natürlich silbern lackiert worden sein. In diesem Fall wurde mit Weiß auch noch eine Glühbirne aufgemalt. Nach dem Trocknen des Klebers erhält das Glas noch seine charakteristischen Rillen mit Hilfe einer Skalpellklinge. Das Ergebnis ist doch recht überzeugend.

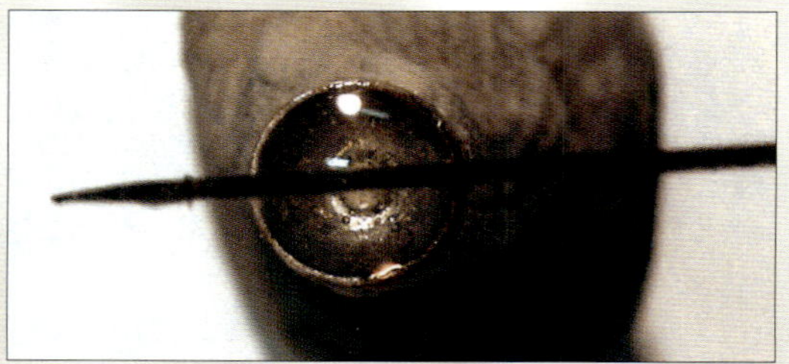

den, um Farbanhäufungen zu vermeiden. Drei Schichten sind im allgemeinen ausreichend, wenn die Farbe zu 70% verdünnt ist. Acryl-Farben haben die positive Eigenschaft, dass sie mehrere Farbaufträge in kurzen Zeitabständen erlauben, da sie kurze Trocknungszeiten aufzuweisen haben. Trotzdem sollte man die Farbe gut durchtrocknen und stabilisieren lassen, bevor man mit dem nächsten Arbeitsschritt beginnt. Um die Trocknungszeit zu verkürzen, kann man sich aus einem Karton eine kleine Trocknungskammer basteln, die mit Alufolie ausgekleidet und mittels einer 40 W-Glühlampe "beheizt" wird.

Nach beendeter Trocknung der Grundfarbe erfolgte im nächsten Schritt das Aufbringen einer weiteren Acrylfarbe in Form von Gelb H313 von Gunze Sangyo. Um einen zu starken Kontrast mit der ersten Farbe zu vermeiden, wurden 10% von dieser hinzu gegeben. Diese stark verdünnte Mischung wurde einmal auf das ganze Modell gespritzt. Ein zweiter Durchgang konzentrierte sich auf die mittleren Zonen der Panzer-Platten und andere Bereiche mit starken Aufhellungen. Im dritten Durchgang wurden nur noch Nachbesserungen vorgenommen und bestimmte kleine Bereiche, vor allem an den waagerechten Oberflächen behandelt. Nun kam wieder das Dunkelgelb an die Reihe, das zu 50% verdünnt und mit dem kleine Abdunkelungen vorgenommen wurden, um so kleine unregelmäßige Flecken in den Bereichen mit den stärksten Aufhellungen zu erzeugen. Dazu wurden kurze Sprühstöße verwendet, um die Flecken nicht größer als 1-2 mm werden zu lassen. Was haben wir am Ende dieses recht langwierigen Prozesses erreicht? Es ist ein simpler Kontrasteffekt zwischen zwei sehr ähnlichen Farben, der in den noch folgenden Alterungsprozessen weiter bearbeitet und soweit gedämpft wird, bis er gerade noch wahrzunehmen ist.

Nun erfolgte eine Behandlung mit 70-80% verdünnter Ölfarbe (Mars-Schwarz + Van Dyck-Braun + Cassel-Earth in gleichen Anteilen), um die

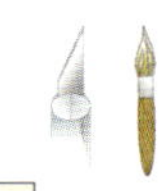

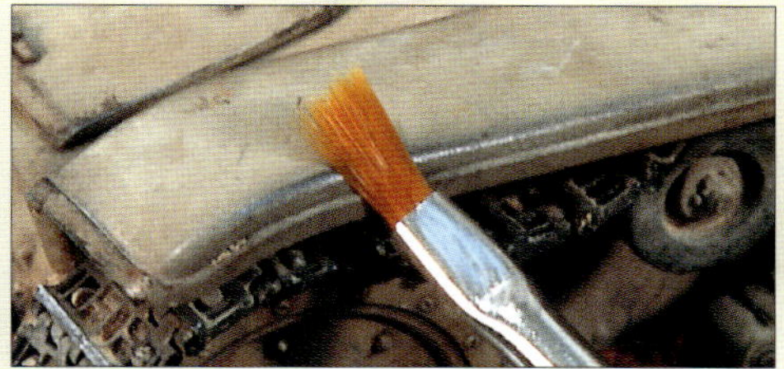

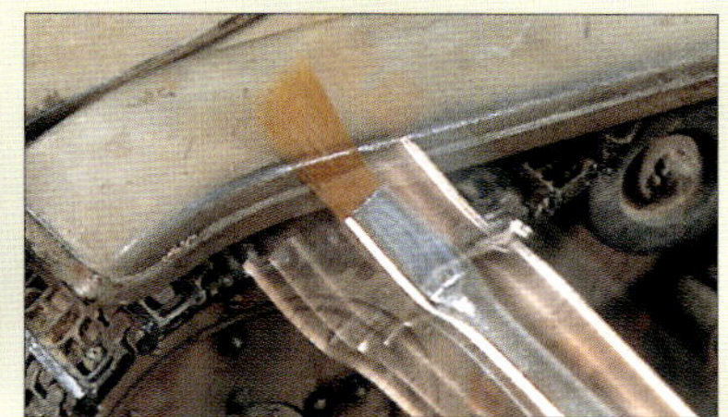

DIE EIGENSCHAFTEN VON GRAPHIT

Graphit besitzt interessante Eigenschaften, mit denen sich Metall-Effekte auf bemalten Oberflächen erzeugen lassen. Mit einem Bleistift 9B (sehr weich) kann Metall simuliert werden, das, wie in unserem Fall, an abgenutzten Oberflächen zum Vorschein kommt. Die Fotos zeigen, wie das Verfahren am Kotflügel und dem Leitrad des Kettenantriebs verwendet wird. Dabei wird in den betreffenden Zonen mit der Spitze des Bleistifts etwas Graphit aufgebracht und anschließend mit einem weichen Pinsel verstrichen, bis eine glänzende Oberfläche entsteht. An Stellen mit starken Aufhellungen kann auf dem Graphit auch mit einem Silberstift (z.B. Berol Charisma Color silver) gearbeitet werden.

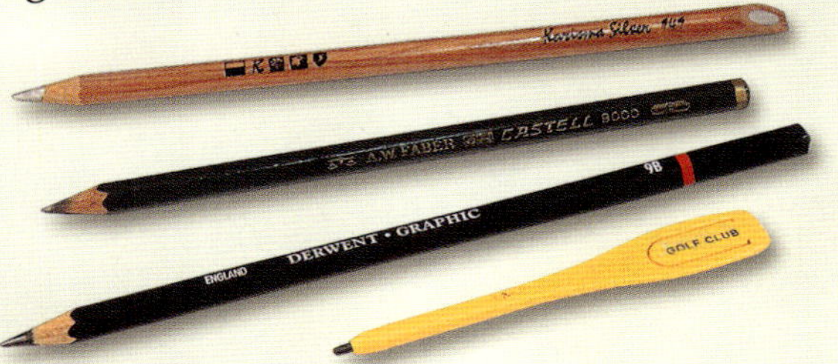

Oben: Beispiele für Bleistifte verschiedener Härten, die bei dieser Methode benutzt werden können.

Oben: Auf diesem Bild sind die Transferbilder von MS Trade zu sehen, die für das Divisionsabzeichen benutzt wurden.

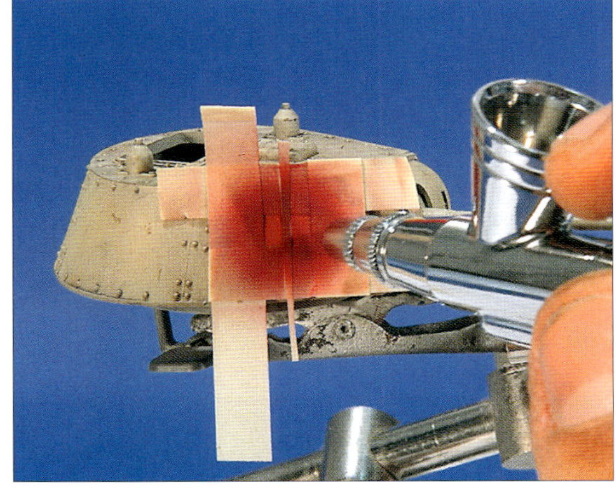

Oben und unten: Um das Abteilungssymbol des Panzers zu erzeugen, wurde auf Maskierband und Spritzpistole zurückgegriffen.

Links: Der aufgebrachte Widderkopf (Ariete) des Divisionsabzeichens. Die Transferbilder lassen sich sehr gut verarbeiten und bedürfen nicht so viel Aufmerksamkeit bei der Verarbeitung wie Decals.

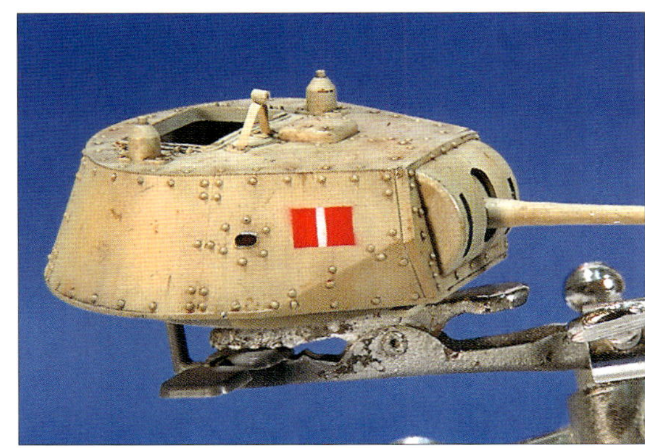

DIE DARSTELLUNG VERBRANNTEN LACKES

Bei der hier dargestellten Maßnahme wurde verdünnte weiße Ölfarbe benutzt, um die Ascheränder an dem verbrannten Lack darzustellen.
Die Bilderabfolge zeigt das Aufbringen der Farbe sowie ihre Verteilung und Abtönung, die in mehreren Durchgängen stattfand, bis ein zufriedenstellendes Ergebnis erreicht war.

Gravuren am Modell zu betonen und ihnen so eine größere Tiefenwirkung zu verleihen.
Um die Haftungsfähigkeit dieser Mischung zu erhöhen, wurde vorher entlang der Gravuren etwas reine Verdünnung mit dem Pinsel aufgetragen. Es genügt dann, einen mit der Farbe getränkten Pinsel an einem Punkt der Gravur anzusetzen und die Farbe wird in die Vertiefung gezogen. Das vorherige Aufbringen der reinen Verdünnung verhindert das Entstehen lästiger Flecken, was sonst vor allem auf matten Farben zu beobachten ist. Nach etwa zwanzig Minuten nutzt man die lange Trocknungszeit der Ölfarben und streicht entlang der senkrecht verlaufenden Gravuren mit einem trockenen Pinsel von oben nach unten,

um so einen realistischen Verlauf der Verschmutzungen bis in den durchscheinenden Bereich zu erzeugen.
Zu diesem Zeitpunkt wurden die Einschusslöcher der Granaten mit einem Bohrer mit passendem Durchmesser erzeugt. Um bei ihnen das Aussehen geschmolzenen Metalls zu erzeugen, wurden sie noch mit etwas Hitze behandelt.
Wegen seiner schlechten Qualität neigte der bei italienischen Panzern verwendete Stahl dazu, bei solchen Beschädigungen zu brechen, was auf vielen Aufnahmen aus dieser Zeit bestätigt wird. Deshalb wurden um das große Loch noch einige Spalten eingeritzt.
Die Bemalung und Alterung des Motors bedurfte einiger Überlegungen. Der Zylinderkopf bestand aus Gusseisen und erhielt deshalb einen metallisch schwarzen Anstrich, der Motorblock bestand aus Aluminium und wurde folglich in einem Silberton lackiert. Die Auspuffanlage schließlich erhielt eine Bemalung mit brauner Farbe. Die Innenseite des Motorraums wurde rot bemalt.

Jetzt machten wir uns noch Gedanken, welche Auswirkungen der Treffer auf das Erscheinungsbild des Motorraums haben konnte. Wir dachten uns, dass der in diesem Fahrzeug verwendete Dieselmotor nur relativ schwer in Brand geriet. Geschah dies allerdings doch, so entwickelte sich ein stark rußhaltiger Rauch, der sich auf alle Oberflächen im Motorraum niederschlug. Um diese Wirkung im Motorraum nachzubilden, entschieden wir uns, mit Verdünnung vermischtes schwarzes Farbpulver von W&N mit der Spritzpistole aufzubringen. Ein paar Rostspuren mit brauner Farbe am Zylinderkopf schlossen die Alterung im Motorraum ab.

Korrosion ja oder nein

Es ist ja bekannt, dass Rost eine Reaktion von Metallen mit Sauerstoff ist, die gerade an Stellen auftritt, die besonders der Feuchtigkeit ausgesetzt sind. In einem Gebiet wie der nordafrikanischen Wüste, das nicht so sehr mit Feuchtigkeit gesegnet ist, tut sich der Rost etwas schwerer. Im Gegensatz zu Fahrzeugen, die im mitteleuropäischen Kriegsschauplatz eingesetzt wurden, beschränkt sich hier die Rostbildung vornehmlich auf Teile, die hohen Temperaturen ausgesetzt sind, wie z.B. der Auspuffanlage.
Dies sind also Überlegungen, die bei der Darstellung eines in der Wüste eingesetzten Fahrzeugs gemacht werden müssen. Wir umgingen dieses kleine Problem aber elegant, indem wir den Ruß des beim Treffer entstandenen Feuers nutzten und den hinteren Bereich um den Motorraum damit behandelten.
Die minderwertigeren Metalle, die bei Werkzeugen, Kisten, aber auch an den Kotflügeln und den Kühlergittern verwendet wurden, sind eher anfällig für Rost und wurden deshalb auch mit etwas Orangebraun bis Gelb behandelt. Um die Rostflecken zu verwirklichen, wurde eine Mischung aus Farbpulver, Ölfarben und Humbrol-Enamelfarben verwendet.
An den Auspufftöpfen wurde eine fortgeschrittene, aber noch oberflächliche Korrosion dargestellt. Dafür wurde eine Mischung aus Microsfere-Pulver und Ölfarbe (Siena gebrannt) auf den Auspufftöpfen aufgetragen. Auf diese noch feuchte Mischung wurden dann noch verschiedene Farbpulver aufgebracht, um einige Variationen bei den Farben zu erhalten.
Auch an anderen Stellen des Modells versuchten wir, verschiedene Korrosionsstufen mit Farbvariationen darzustellen. An der linken Seitenwand des Modells in der Nähe des Motors sollte

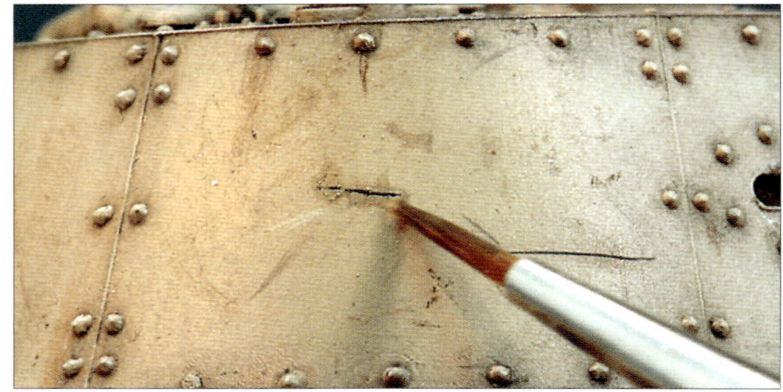

Oben: **Um kleine Kratzer darzustellen, gibt es ein einfaches und sehr wirksames System. Mit einer Messerklinge wird zuerst der Kratzer erzeugt und dann erfolgt ein Washing im Inneren des Kratzers. Allerdings lässt sich hier das graue Plastik nur schwerlich anders gestalten.**

Oben: **Nachdem das Modell auf dem Sockel befestigt war, wurde es vorsichtig mit etwas Sandmaterial eingestaubt, das auch für den Sockel verwendet wurde, um Modell und Umgebung aufeinander abzustimmen.**

die Auswirkung des verbrannten Lacks dargestellt werden. Hier spritzten wir eine graue Mischung auf, die durch Zugabe von etwas weißem zu schwarzem Farbpulver entstand.

Das Pulver wurde dabei mit Verdünnung versetzt, als Bindemittel diente etwas matter Klarlack von Humbrol. Diese Farbmischung wurde in unregelmäßiger Art und Weise aufgespritzt, um auch halbtransparente Zonen zu erzeugen.

Etwas verdünnte weiße Ölfarbe, an den Randzonen in leicht überlagernden Schichten aufgetragen, genügt vollkommen, um Aschenreste zu simulieren. Zusätzlich wurde mit einem sehr feinen Pinsel weiße Lifecolor-Acrylfarbe punkförmig aufgetragen, um die Intensität der Farbe teilweise zu erhöhen und verschiedene weiße Farbabtönungen zu erhalten.

Auf den Bildern lässt sich erkennen, dass die Laufrolle, die am nächsten zum Motorraum ist, ein ziemlich angegriffenes Aussehen hat. Dazu wurde ein großer Teil des Gummibelages des Rades entfernt, der bei dem Feuer verbrannt war. Es genügt dazu das Rad in eine Art kleine Drehbank einzuspannen und das überschüssige Plastik mit einem Bastelmesser abzuschneiden.

Die Markierungen

Die Vorlage für unseren M13/40 lieferte ein historisches Foto dieses Fahrzeugs bei der Fahrt in der Wüste. Wir entschlossen uns, das Modell an diesem Vorbild anzulehnen, ohne das genaue Schicksal dieses Panzers zu erforschen, das vielleicht ganz anders ausgesehen hat, als das, was wir ihm zugedacht hatten. Es handelt sich bei unserem Fahrzeug um einen Panzer der Division Ariete und wir orientierten uns bei den Markierungen an den verfügbaren Fotos. Die Divisionsabzeichen an den Seitenwänden des Panzers stammen von einem Bogen mit Transferbildern von MS Trade. Für das Zeichen der Abteilung reichte etwas Maskierband, eine Spritzpistole und etwas Geduld.

Unten: **Eine weitere Methode zum Erzeugen der Kratzer ist, an den betreffenden Stellen mit einer Nadel entlang zu fahren, nachdem die Basisfarbe mit einer dunkleren Schicht überzogen worden war. So kommt die ursprüngliche Farbe, die vor dem Alterungsprozess zu sehen war, wieder zum Vorschein.**

Der letzte Feinschliff

Wir wollten ein Modell darstellen, das sich durch eine größtenteils unversehrte Struktur auszeichnet, aber trotzdem den Eindruck der Unbrauchbarkeit und des Aufgebens ausdrückt.
Wir konzentrierten uns deshalb darauf, die vielen Einzelheiten der Beschädigungen mit größter Sorgfalt darzustellen.
Der Rauch des Feuers im Motorraum hat auch Spuren am Turm hinterlassen. Das Werkzeug, das über dem Motorraum montiert ist, weist deutliche Spuren des Brandes auf, der Holzstiel der Schaufel ist dabei vollständig verbrannt.
Die linke Motorabdeckung wurde durch die Wucht der Explosion der Granate abgesprengt und auch der Motor selbst leicht in seiner Verankerung verschoben.
Auch die Darstellung auf dem kleinen Sockel, auf dem das Modell nur mit Mühe Platz hat, wurde nicht zufällig gewählt. Die kleine Erhöhung und das schwarze Unterteil verleihen dem Modell eine gewisse Dramatik.

Schlussbemerkungen

Dieses Modell ist ein klassisches Beispiel für sich entwickelnden Modellbau. Die ursprüngliche Idee für das Modell wurde während der Entstehung abgewandelt und so in ein noch vielversprechenderes Ergebnis umgewandelt. Die Autoren dieses Berichts haben den begründeten Verdacht, dass diese Vorgehensweise in der Welt des Modellbaus wohl gang und gäbe ist!

OPEL BLITZ

VON Stefano Zaghetto

DARSTELLUNG EINES AUSRANGIERTEN FAHRZEUGES

Ich hatte den Wunsch, bis zum äußersten getriebene Alterungsprozesse bei der gleichzeitigen Verwendung neuer modellbauerischer Techniken zu erproben. Da mich Autos und dabei vor allem Lastwagen in den verschiedensten Verfallsstadien schon immer reizten, begann ich damit, mich intensiv mit dieser Thematik zu beschäftigen.

Rechts: Bei den Felgen wurden Anzahl und Position der Löcher für die Radschrauben korrigiert. Auf der Felgenvorderseite wurden zwei Plastikscheiben hinzugefügt. Die Originalfelgen aus dem Bausatz sind in der oberen Reihe zu sehen.

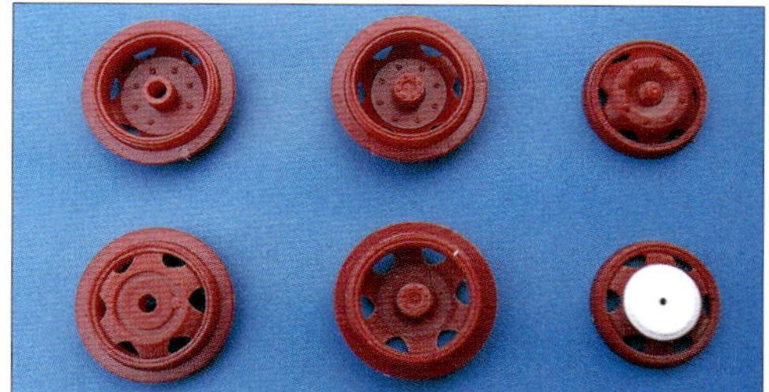

Oben rechts: Die Radnabe wurde mit einem Locheisen vorsichtig herausgestanzt und dann zusammen mit der Bremstrommel, die im Bausatz fehlt, wieder neu aufgebaut.

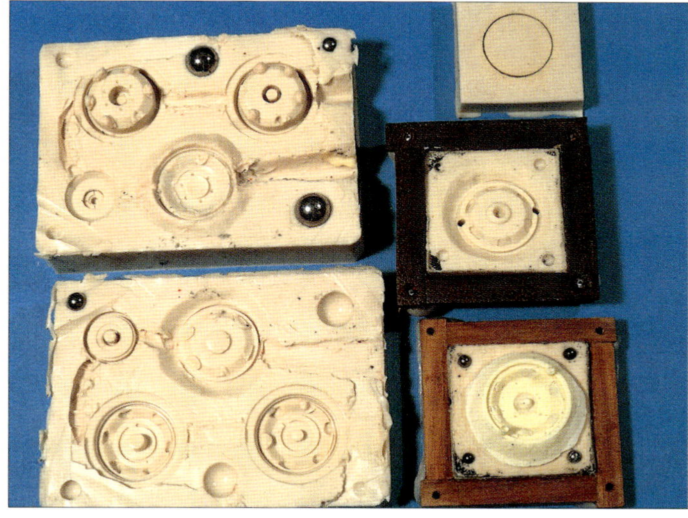

Oben: Die Silikonformen, die für Reproduktion der Bremstrommeln und Radnaben angefertigt wurden.

Wo und wie beginnt der Verfallsprozess und mit welchen Mitteln stelle ich diesen Prozess bei verschiedenen Ausgangsstoffen im richtigen Zeitverlauf dar? Was ist mit dem Rost? In wie vielen Variationen zeigt er sich? Welche Farben kann er haben? Und wie wirkt sich der Verfallsprozess auf das Erscheinungsbild von Holz aus?

Ein Fahrzeug, das schon etwa zehn Jahre des Verfalls auf dem Buckel hat, weicht doch schon sehr stark von einem Modell ab, wie es in der Regel aus einem pressfrischem Bausatz erstellt wird. Es bedarf also einiger Maßnahmen, bis das Modell in dem rostigen Zustand "erstrahlt", der mich so sehr fasziniert! Meine Wahl fiel auf einen Bausatz des Opel Blitz in 1:24 von Italeri, einerseits weil es ein für diesen Maßstab recht kleines Modell ist (ca. 25 cm) und man andererseits bei Bedarf aus diesem Modell auch eine militärische Version erstellen kann.

Ich wollte ein ansprechendes Ergebnis erzielen, ohne auf die Techniken zurückzugreifen, die man schon so oft in den verschiedensten Artikeln gesehen hat (Typ: Schlamm und Staub "perfekt simuliert" mit der Spritzpistole oder Trockenmalen mit Humbrol Nr. 72). Auch wollte ich demonstrieren, dass es nicht notwendig ist, die immer gleichen Produkte für das Altern zu verwenden, was nur dazu führt, dass die Modelle dadurch eine gewisse Uniformität erhalten.

Der Plan

Ich entschied mich, einen Opel Blitz mit hohen Bordwänden an der Pritsche zu bauen, wie sie auch am 1:35er Bausatz des gleichen Fahrzeugs von Italeri zu finden sind. Ich stellte den Lastwagen in eine einfache Umgebung, die nicht den Anspruch eines Dioramas erfüllen will, sondern nur dazu dient, den Anschein eines aufgegebenen und verfallenen Fahrzeugs zu verstärken. Diesen Eindruck soll die alte, nicht mehr im Gebrauch befindliche Zapfsäule verstärken. So könnte man sich die Situation vorstellen, in der man irgendwo auf ein ehemaliges Militärfahrzeug stößt, das nur darauf wartet, restauriert zu werden.

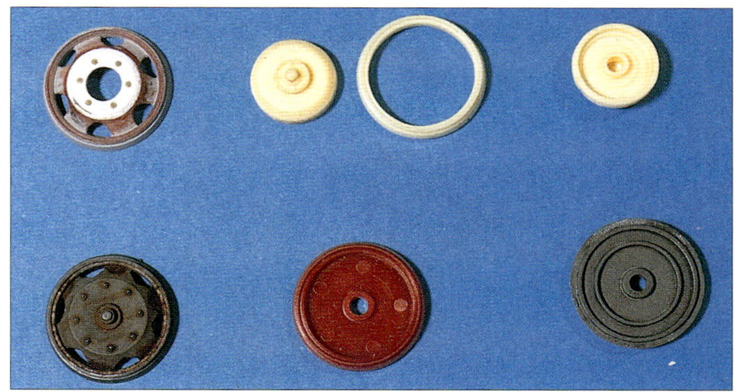

Oben: Eine Gegenüberstellung der Originalteile und der modifizierten Felgen..

Links: Vergleich zweier kompletter Räder.

Rechts: Ansicht eines platten Rades nach der Bemalung.

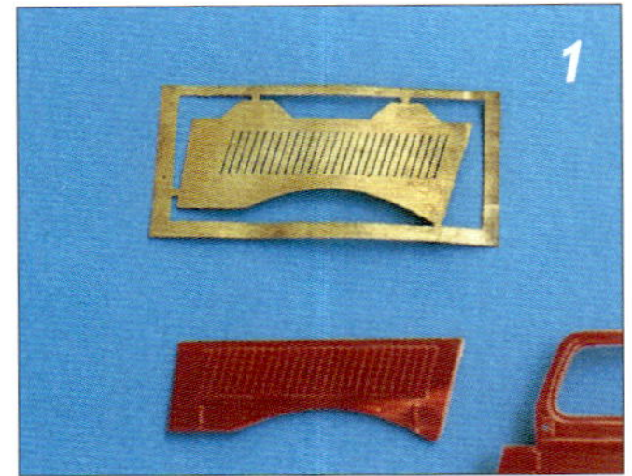

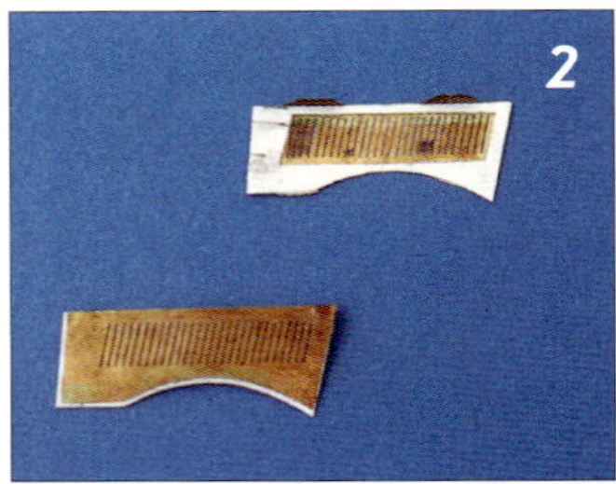

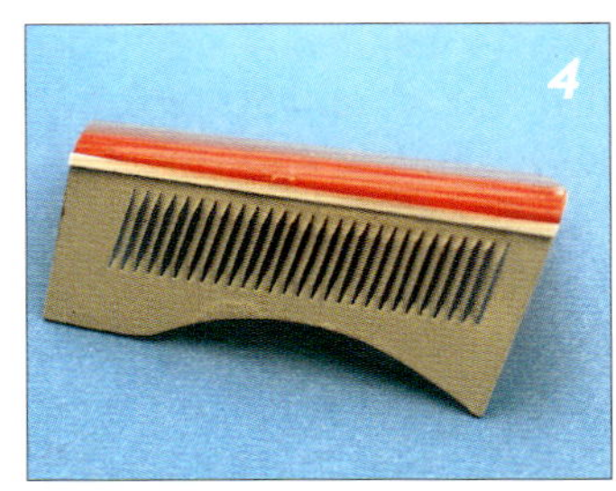

Oben: 1) Die Seitenteile der Motorhaube wurden durch Fotoätzteile ersetzt, um die Haube im offenen Zustand darzustellen. 2) Das Messingmaterial des Fotoätzteils ist mit 0,1 mm sehr dünn und mußte durch 0,5 mm starkes Plastiksheet verstärkt werden. Die beiden Laschen am oberen Rand werden so gebogen, dass die Haube in Faltstellung dargestellt werden kann. 3) Um die Kühlschlitze aufzubiegen, wurde eine breite Pinzette benutzt. 4) Eine Hälfte der Motorhaube ist fertig. Das rote Oberteil wurde aus dem Bausatzteil herausgetrennt, wo es eine Einheit mit der Windschutzscheibe und dem Kabinendach bildet.

Änderungen und Verbesserungen am Bausatz

Umbau der Felgen

Für die im Bausatz enthaltenen Felgen - sechs Speichen und acht Radmuttern - konnte ich in den Dokumentationen keine Bestätigung finden. Vielmehr wurden anfangs Felgen mit sechs Speichen und sechs Muttern sowie dann später Felgen mit jeweils acht Speichen und Muttern verwendet. Dabei waren bei den Felgen mit sechs Speichen die Muttern deutlich näher an der Radnabe positioniert. Die Felgen aus dem Bausatz sind also schlichtweg falsch und müssen überarbeitet werden. Wie ich dabei vorging, ist den Bildern zu entnehmen. Nachdem ich die vorderen Felgen geändert hatte, baute ich die Bremstrommeln mittels Resinteilen neu auf, in die ich auch die Radnaben integriert hatte.

An der Hinterachse sind die Felgen der Zwillingsbereifung gegeneinander montiert, so dass lediglich die Mutternköpfe der äußeren Felge entfernt und neu aufgebaut werden mussten. Die einzige echte Änderung waren hier die längeren Ventile, die vom jeweiligen inneren Rad nach außen führen.

Bei einem durchgerostetem Schalldämpfer kann man die Gelegenheit nutzen, um sein Innenleben zu detaillieren. Dazu genügt ein gelochtes Röhrchen und ein Stück Scotchbrite-Topfreiniger.

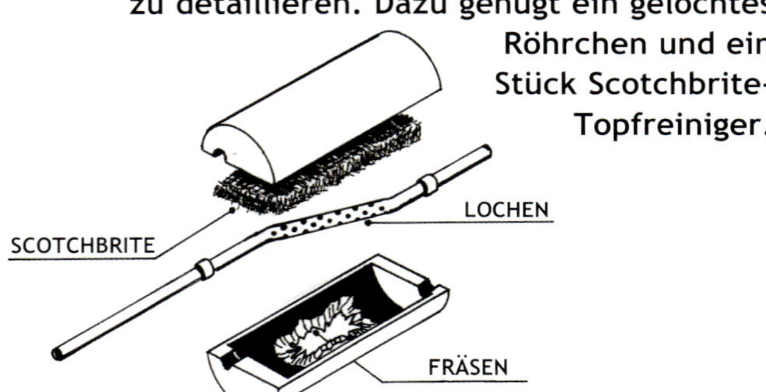

Unten: Nachdem die Sitzflächen mit einer Fräse und einem Bastelmesser aufgebrochen waren, wurde der Sitzrahmen aus 1 mm und die Sitzfedern aus 0,4 mm starkem Draht aufgebaut. Mit etwas Scotchbrite wurde dann noch die Polsterung imitiert.

Oben: Die linke und rechte Bordwand entstanden aus Holzleisten und Evergreen-Profilen.

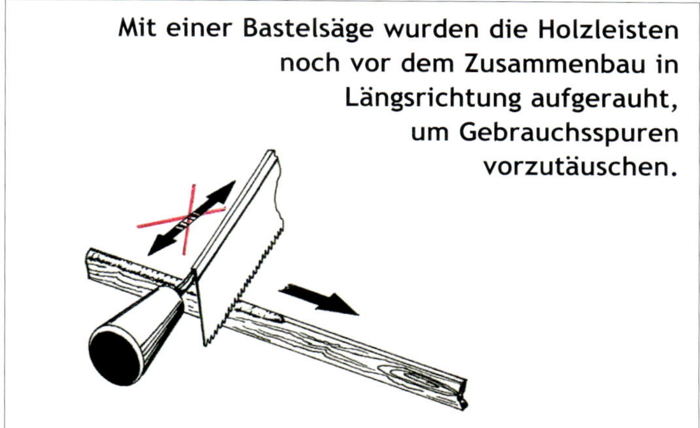

Mit einer Bastelsäge wurden die Holzleisten noch vor dem Zusammenbau in Längsrichtung aufgeraut, um Gebrauchsspuren vorzutäuschen.

Die Kühlschlitze in den seitlichen Motorabdeckungen

Der Opel Blitz von Italeri ist mit einem sehr schönen Motor ausgestattet, den ich noch zusätzlich verfeinerte, und es wäre eine Schande, diesen Motor unter den Abdeckungen zu verbergen. Diese Abdeckungen öffnen sich flügelartig und werden durch die seitlichen Lüftungsschlitze gekennzeichnet. Ich baute also die linke Abdeckung so um, dass ich sie in geöffnetem Zustand darstellen konnte, um so den Blick auf den ursprünglich von Chevrolet stammenden Sechszylinder-Motor freizugeben. Den Motorraum hatte ich natürlich noch allerlei Einzelheiten wie z. B. der vom Armaturenbrett herrührenden Verkabelung angereichert.

Oben: Links der Pritschenboden aus dem Bausatz und rechts der Eigenbau aus Holz und Plastik-Profilen.

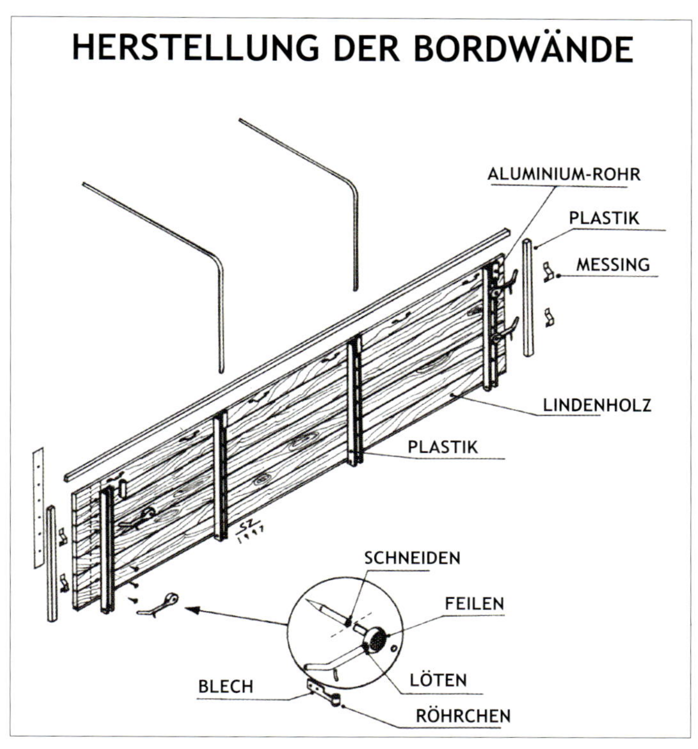

Unten: Links ist einer der vielen Schritte zur Alterung des Holzes zu sehen. Rechts ein Blick auf die Pritsche nach Ende der Arbeiten.

Die typische deutsche, in vier Abschnitte unterteilte Heckleuchte, mit der bei Kolonnenfahrt der Abstand zum vorausfahrenden Fahrzeug abgeschätzt werden konnte. Man beachte auch die vier einzelnen Klarsichtteile.

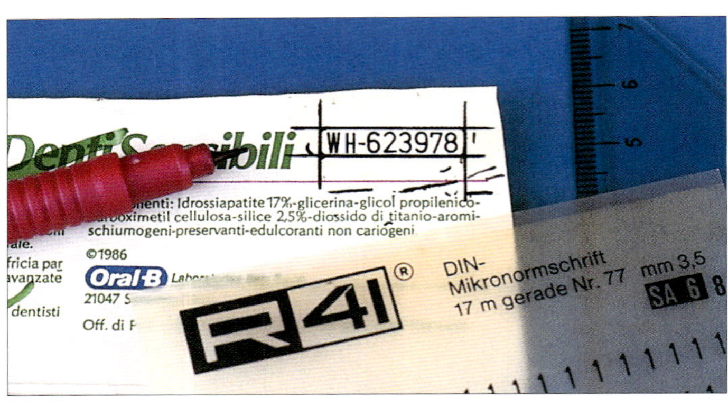

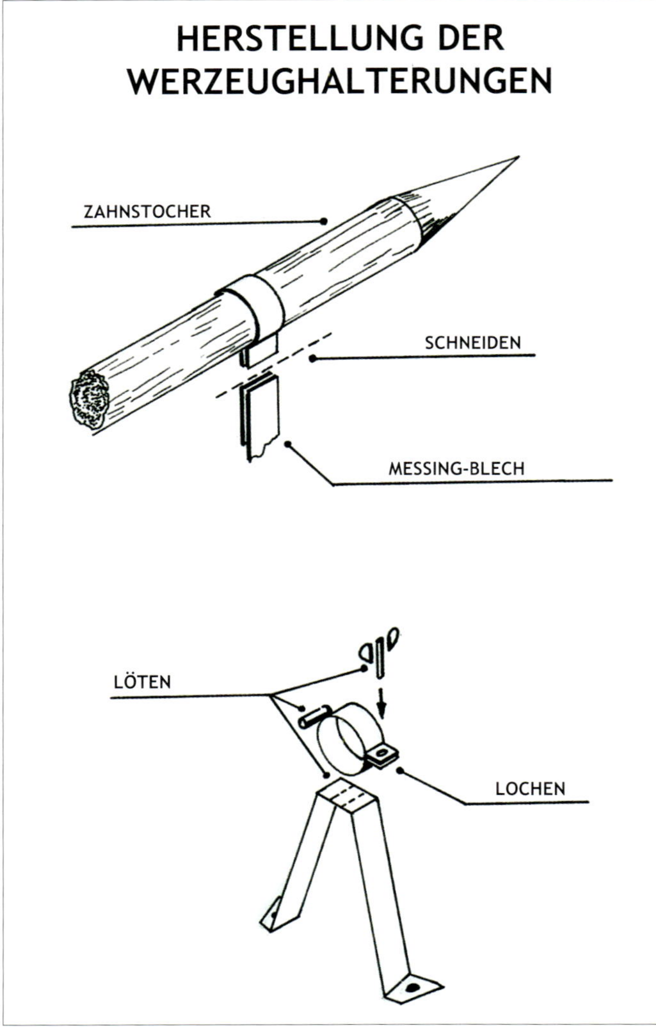

Um die Schilder leichter biegen zu können, wurden sie aus dem Blech einer Zahnpasta-Tube angefertigt. Die Ziffern und Buchstaben lassen sich mit Hilfe einer DIN-Schablone erstellen.

Das Armaturenbrett und die Instrumente

Um die Instrumente in hochwertiger Form darzustellen, verwendete ich einen AGFA Ortho 25-Film. Dieser Film eignet sich perfekt für die Wiedergabe von schwarzen Skalen mit weißen Ziffern usw. Dabei wird natürlich das Negativ und kein Abzug der Fotos verwendet.

Geht man von einem Standard-Film aus, so hat ein Negativ die Größe von 24 x 36 mm. Ein wichtiges Maß, denn damit lassen sich die Relationen zwischen dem Bild im Sucher einer normalen Spiegelreflex-Kamera und dem später auf dem Film erhaltenen Objekt abschätzen. Zum Beispiel möchte man Instrumente mit 6 mm Durchmesser. Diese müssen nun im Sucher ein Viertel der kurzen Seite einnehmen, denn 6 x 4 = 24 und zwar unabhängig davon, wie groß die fotografierten Zeichnungen sind. Es empfiehlt sich natür-

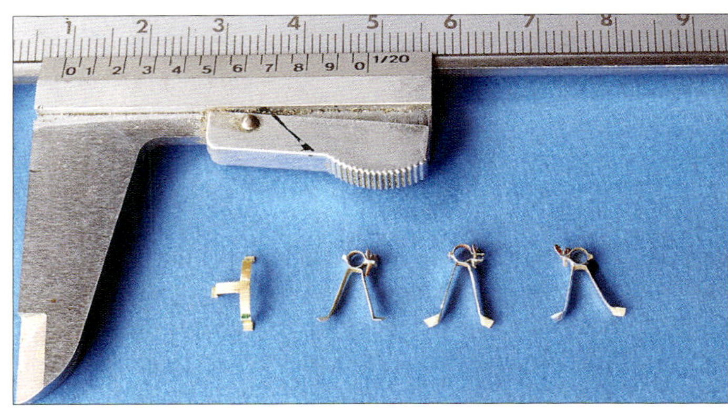

Oben: Einige Halterungen, die mit der links demonstrierten Methode angefertigt wurden.

Unten: Zwei Halterungen am fertigen Modell von oben gesehen.

lich mehrere Aufnahmen mit leichten Variationen zu machen, damit darunter auch wirklich genau die gewünschte Größe ist. Alternativ kann natürlich auch mit dem Fotokopierer und Kopierfolie gearbeitet werden. Auch hier gilt es, durch den richtigen Zoom-Faktor die gewünschte Instrumentengröße zu erreichen.

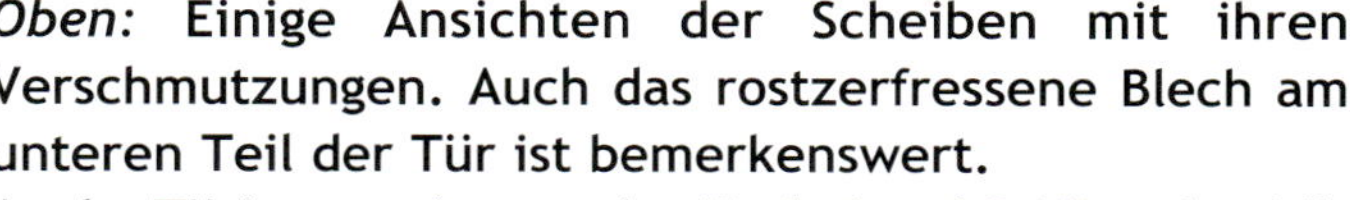

Oben: **Einige Ansichten der Scheiben mit ihren Verschmutzungen. Auch das rostzerfressene Blech am unteren Teil der Tür ist bemerkenswert.**
An der Türinnenseite wurden Kurbel und Griff nachgebildet und durch die Behandlung mit Lösungsmittel erhielt das Plastik das typische Aussehen von Kunstleder.

Die Innenverkleidung und die Sitze

Um das Erscheinungsbild von Kunstleder nachzubilden, wurden die Verkleidungen der Kabinentüren mit einem Lösungsmittel behandelt, welches das Plastik anlöst (z.B. Trichlorethylen) und das ich nach dem Auftragen gut durchtrocknen ließ. Kleine Unebenheiten und andere Spuren arbeitete ich mit einem Washing mit dunkler Acrylfarbe über der Grundfarbe aus haselnussbrauner Enamelfarbe heraus. Die gleiche Behandlung führte ich bei den Sitzen durch, wobei ich einige Stellen anbrachte, an denen die Polsterung durch das aufgerissene Kunstleder bricht. Ich verringerte dafür die Wandstärke des Plastiks von der Unterseite her und brach es mit einem Bastelmesser auf, um den Blick auf das Innenleben mit Polsterung und Federn freizugeben.

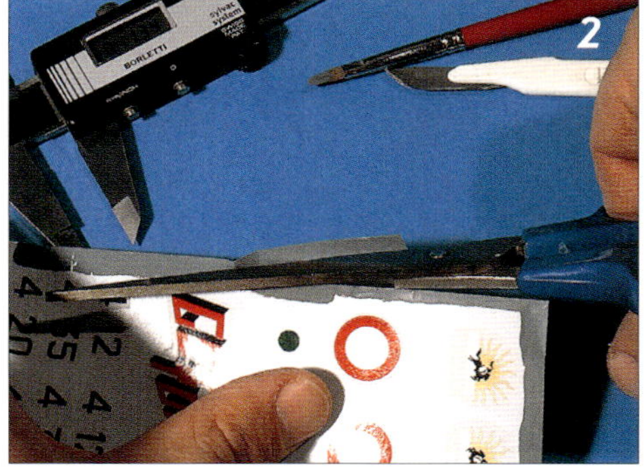

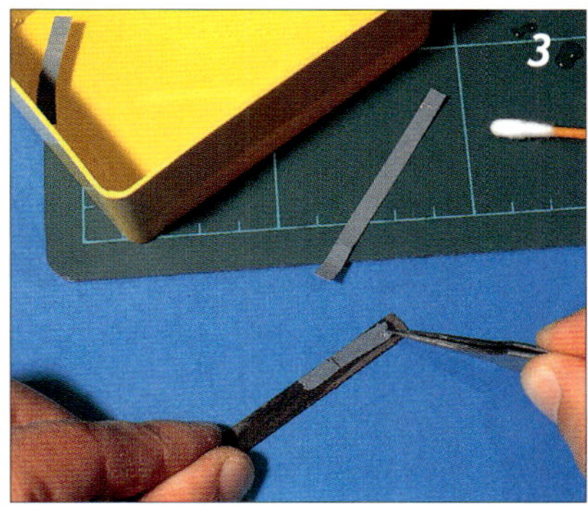

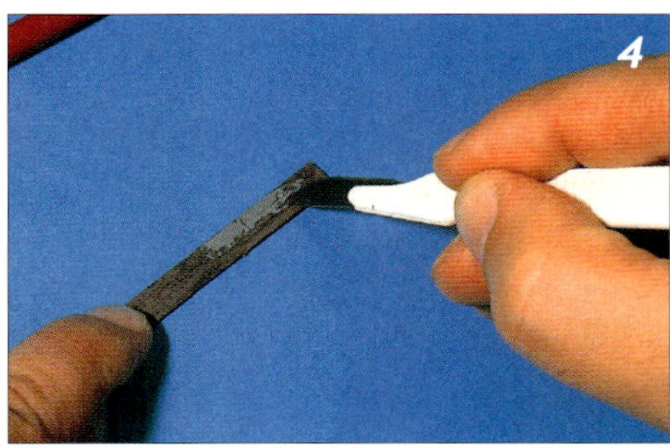

1) Die unbedruckte Blattkante eines Decalbogens wurde mit grauer Enamelfarbe bestrichen. 2) Nach dem Trocknen werden Streifen in der Breite der Holzleisten abgeschnitten. 3) Die Decalstreifen werden ganz normal auf die Holzleisten aufgebracht, vielleicht mit etwas mehr Vorsicht. 4) Sind die Decals getrocknet, lassen sie sich mit einem Bastelmesser sehr schön abblättern und anschließend mit mattem Klarlack fixieren.

DIE HERSTELLUNG DER SCHEINWERFER

Das kaputte Glas des Scheinwerfers wurde aus transparentem Plastiksheet hergestellt, das wesentlich dünner als das originale Bausatzteil ist (Abb. 1-3). Die Glühbirnen der Scheinwerfer entstanden ebenfalls aus sehr dünnem transparenten Plastiksheet, das unter Wärmeeinfluß über einen Stecknadelkopf gezogen wurde (Abb. 4).

LOCHEISEN
Abb. 1
TRANSP. PLASTIKSHEET
Abb. 2
Abb. 3
TRANSPARENTES PLASTIKSHEET
Abb. 4

DIE ERSTELLUNG EINIGER GRIFFE

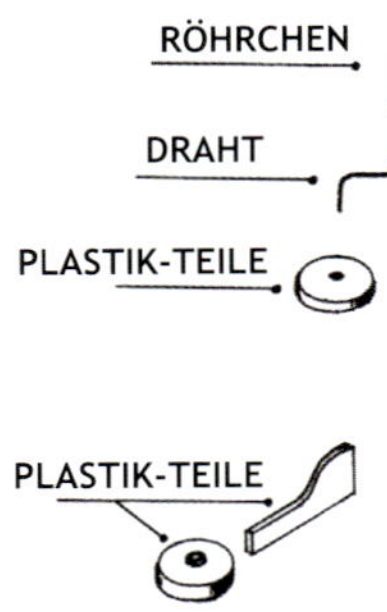

RÖHRCHEN
DRAHT
PLASTIK-TEILE
PLASTIK-TEILE

Die Griffe im Fahrzeuginneren lassen sich recht einfach erstellen.

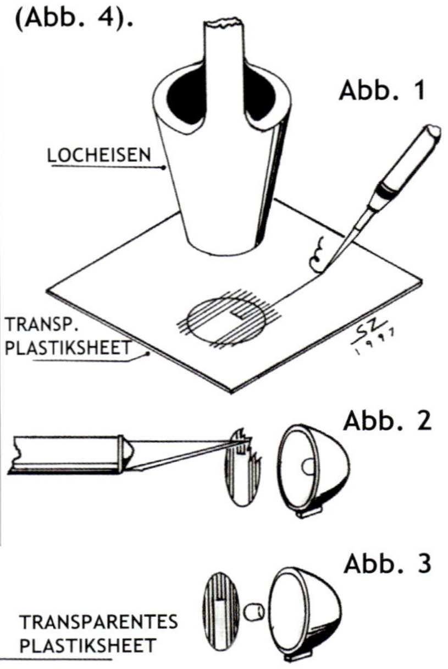

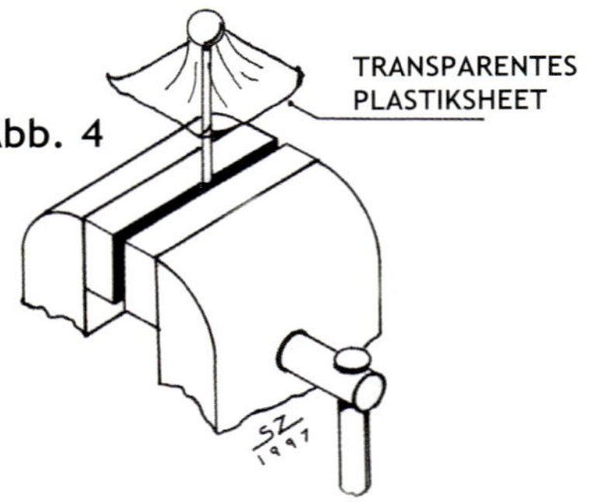

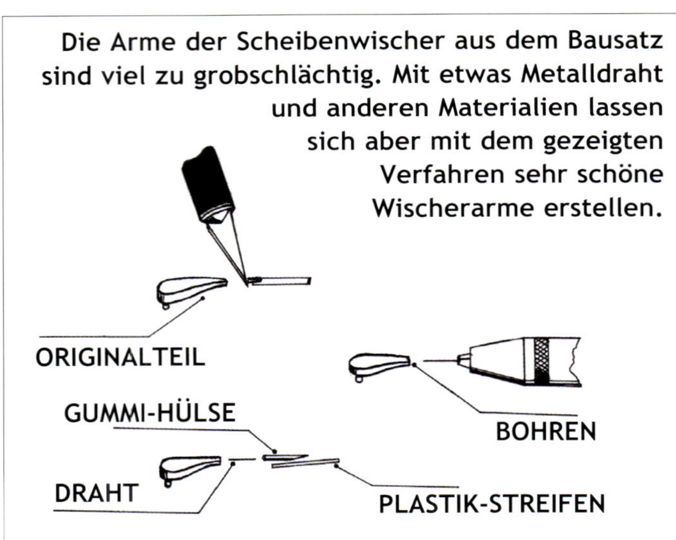

Die Arme der Scheibenwischer aus dem Bausatz sind viel zu grobschlächtig. Mit etwas Metalldraht und anderen Materialien lassen sich aber mit dem gezeigten Verfahren sehr schöne Wischerarme erstellen.

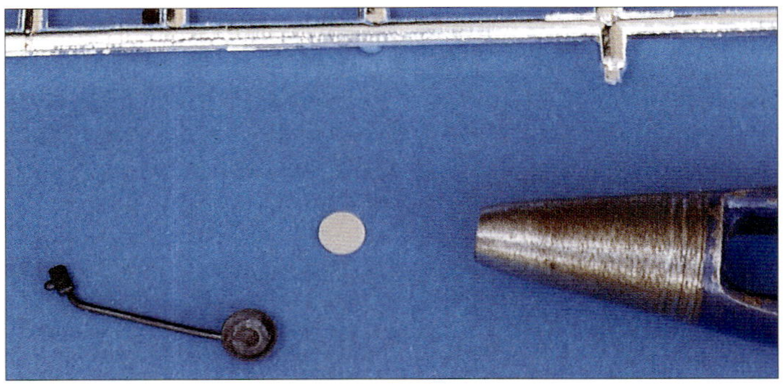

Oben: **Man darf einfach nichts wegwerfen! Was kann man doch für perfekte kleine Rückspiegel aus verchromten Spritzlingsresten machen.**

Der Eigenbau der Pritsche

Die Pritsche aus dem Bausatz ist zwar nicht schlecht gemacht, aber die Bordwände waren mir zu niedrig und auch die "Holz"-Elemente waren mir nicht realistisch genug. Ich baute die Pritsche deshalb neu auf und verwendete dabei Holz, Plastik, Messing und Kupfer als Werkstoffe. So konnte ich eine Pritsche verwirklichen, die meinen Vorstellungen entsprach und durch die Verwendung echter Holzleisten einen deutlich höheren Grad an Realismus erreichte.

Ich orientierte mich bei der Verwirklichung meiner Pritsche an der des "kleinen" Bruders in 1:35 und einigen Originalfotos, auf denen die Einzelheiten der Konstruktion zu erkennen waren. Da ich keine Plane verwendete, wollte ich mit den hohen Bordwänden einen Eindruck der "Leere" verhindern, wie er mit niedrigen Bordwänden leichter hätte entstehen können.

Der Notek-Scheinwerfer und Geräte-Halterungen

Für Nachtfahrten, die unter Verdunkelung stattfanden, wurde der Notek-Scheinwerfer benutzt, den ich aus Plastikteilen selbst herstellte. Die Halterung des Scheinwerfers entstand aus Messingblech. Auch die Gerätehalterungen entstanden aus sehr feinem Messingblech mit einer Stärke von 0,10 mm, das ich zurechtbog und mit Zinn verlötete. Um die Rundungen bei den Halterungen auf den Kotflügeln zu erhalten, bog ich das Messingblech um einen Zahnstocher und entfernte ihn nach dem Ankleben an das Modell.

Oben: Mit Spachtelmasse wurden an der Innenseite der Kotflügel Verkrustungen erzeugt.

Oben: Bei der Bemalung der Kotflügel-Innenseiten entschied ich mich für gedeckte Farbtöne.

Oben: Der Bausatz enthält eine ausgezeichnete Nachbildung des Motors, der sich durch die Ergänzung mit einigen fehlenden Kabeln und Leitungen in ein sehr ansehnliches Objekt verwandeln lässt.

OPEL BLITZ “S” Standard 3t LKW

1/24

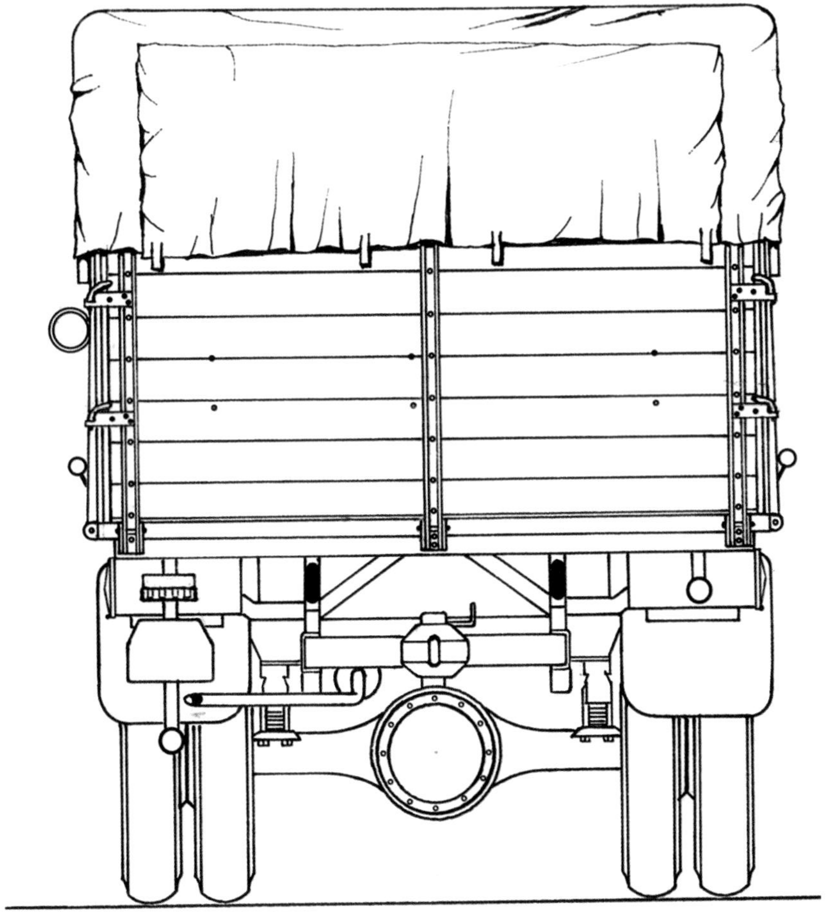

Das Lackieren und einige Spezialeffekte

Der erste Schritt beim Lakkieren der Karosserie bestand darin, eine Schicht Acrylfarbe in einem natürlichen Metallfarbton aufzutragen. Diese Metallfarbe sollte später in den Bereichen wieder zum Vorschein kommen, in denen der graue Fahrzeuglack abgeplatzt oder so dünn geworden ist, dass das blanke Metall bereits durchschimmert.

Die Grundfarbe

Ich trug zuerst mit der Spritzpistole eine Schicht Matt-Aluminium XF-16 von Tamiya an sämtlichen Karosserieflächen auf und erhielt damit eine sehr gleichmäßig helle Oberfläche. Schon in dieser Phase sollte man festlegen, in welchen Bereichen später die stärkeren Rostspuren angesiedelt werden sollen. Ich erstellte mir eine Art Plan, um die interessantesten dafür in Frage kommenden Bereiche festzuhalten. Ich machte mir jetzt auch Gedanken über die graue Basisfarbe, auf die bei den noch folgenden Alterungsmaßnahmen viele weitere, unterschiedlich ausgeprägte Farbschichten folgen sollten, bis das Fahrzeug sein endgültiges Aussehen erhalten hatte.

Die folgenden Farbschichten

Unser Opel Blitz sollte ca. 10 Jahre unbeachtet im Freien gestanden haben, was natürlich seine Spuren hinterlassen hat. In der Abbildung mit dem Schema der einzelnen Lackschichten ist der Aufbau der Lackierung, die verwendeten Farben und ihre Funktion dargestellt. Die unterschiedlichen Farbschichten haben auch die Aufgabe, unverträgliche Farbsorten voneinander zu trennen. So wird z. B. vor dem Auftrag von Ölfarbe eine Schicht Acrylfarbe über eine Enamelfarbe gelegt, damit die Verdünnung der Ölfarbe die Enamelfarbe nicht angreifen kann.

Die Übersicht der verwendeten Farben

Die Übersicht (nächste Seite) kann diesen Farbaufbau wesentlich besser als viele Worte erklären. An manchen Stellen des Modells wird es aber auch so sein, dass die erste Schicht mit Matt-Aluminium und die oberste Schicht mit der Ölfarbe Siena gebrannt direkten Kontakt miteinander haben. Dies ist an den Stellen der Fall, die der Verwitterung durch Sonneneinstrahlung oder Feuchtigkeit verstärkt ausgesetzt sind.

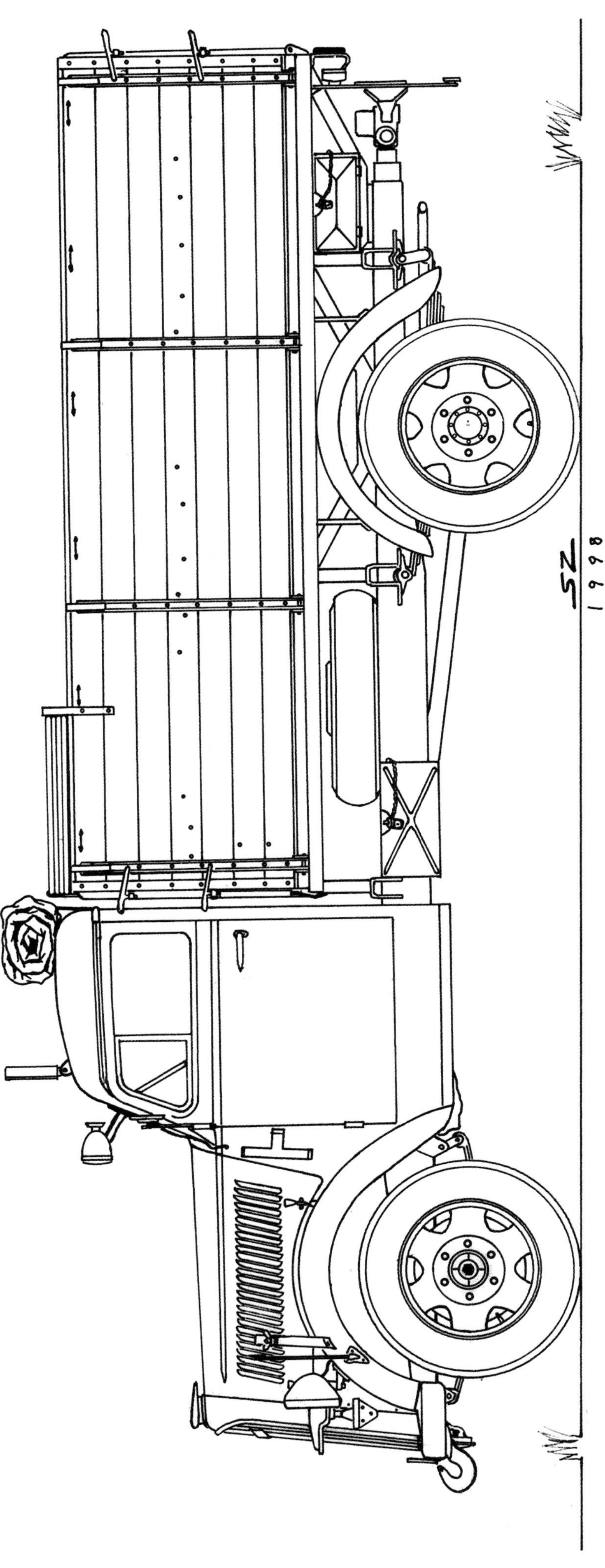

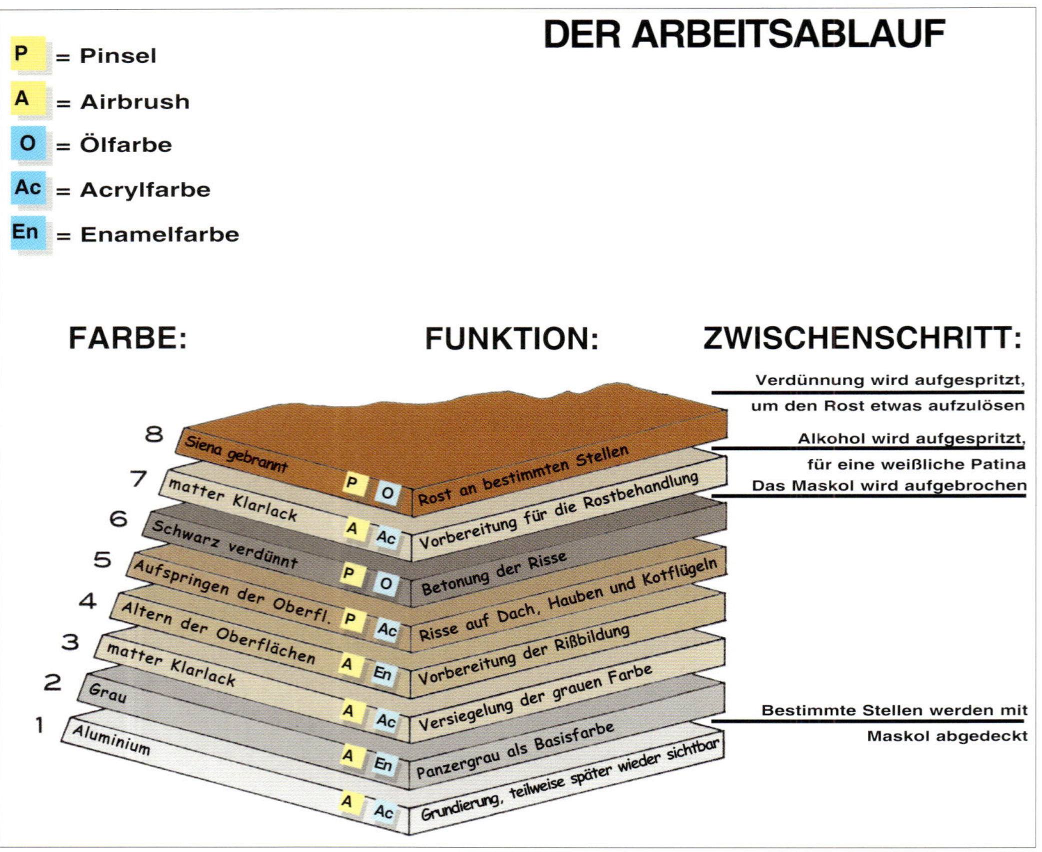

1 - Matt-Aluminium, Tamiya XF-16: Es wurde auf der gesamten Oberfläche aufgebracht und ist später in den Bereichen mit Lackabrieb wieder zu sehen.

2 - Hellgrau, Pactra M31 + weiße Enamelfarbe: Dies ist die graue Grundfarbe, die relativ hell ist, da das Fahrzeug sehr ausgebleicht wirken soll.

3 - Matter Acryl-Klarlack: Diese Schicht versiegelt das Grau für die nächsten Schritte.

4 - Alterung mit Maimeri-Enamelfarbe: Die verwendete Farbe sieht aus wie eine rötliche Lasur und ist mit Terpentinersatz verdünnbar. Sie dient dazu, an Stellen mit besonders starkem Rostbefall das Plastik regelrecht aufzuweichen.

5 - Erzeugung weiterer Risse mit Maimeri-Acrylfarbe: Diese Farbe ist sehr dicht und milchig. Das erstaunlichste an ihr ist die Tatsache, dass sie sich fast "intelligent" verhält. Denn die Dimensionen und das Ausmaß der feinen Risse sind proportional zur Größe der behandelten Oberfläche. So ergeben sich z.B. an der Dachfläche relativ große Verzweigungen der Risse, während die Farbe an den Dachholmen und ihren im Vergleich kleinen Oberflächen in sehr kleinen Rissen aufbricht. Auch die Nummernschilder wurden mit dieser Farbe behandelt.

6 - Schwarze Ölfarbe: Sie wird stark verdünnt und mit viel Umsicht mit einem Lappen aufgetupft. Sie dient dazu, die kleinsten Risse in der Lasur hervorzuheben, da diese sonst unsichtbar bleiben würden.

7 - Matter Acryl-Klarlack: Diese Lackschicht ist sehr wichtig, da sie den Kontakt zwischen der schwarzen und der nachfolgenden Ölfarbe Siena gebrannt verhindert, um die an den Rissen vorgenommene Behandlung nicht zu verfälschen.

1) Siena gebrannt und Schwarz werden als unterschiedlich zusammengesetzte Mischungen vorsichtig aufgetupft, um Rost darzustellen. 2) Nach dem Trocknen wird mit niedrigem Spritzdruck etwas Verdünnung darüber gesprüht. 3) Bei der Verdunstung bewirkt die Verdünnung einen Effekt mit einer Art Hofbildung um die Rostflecken, der eine sehr realistische Darstellung der Roststellen wie unter Einwirkung von Regenwasser ermöglicht.

8 - Ölfarbe Siena gebrannt: Dies ist der letzte und wichtigste Durchgang, um den Rost glaubhaft darzustellen. Mit dieser Farbe und etwas Geschick lassen sich die Einwirkungen der Witterung auf die Metallkarosserie sehr gut nachbilden. Die reine, unverdünnte Farbe wird in einigen Bereichen aufgetupft und stellt die Anfangsbereiche des Rostbefalls dar. Mit etwas Verdünnung lässt sich nun das bewerkstelligen, was das Regenwasser im Laufe der Jahre bewirkt: die Rostränder werden aufgelöst und die typische Rostfarbe breitet sich in unterschiedlichen Ausprägungen und Farbtönen aus. Durch die Beimischung von etwas schwarzer Ölfarbe lassen sich noch weitere Nuancen der Zersetzung erzeugen.

Die Folgen der Korrosion

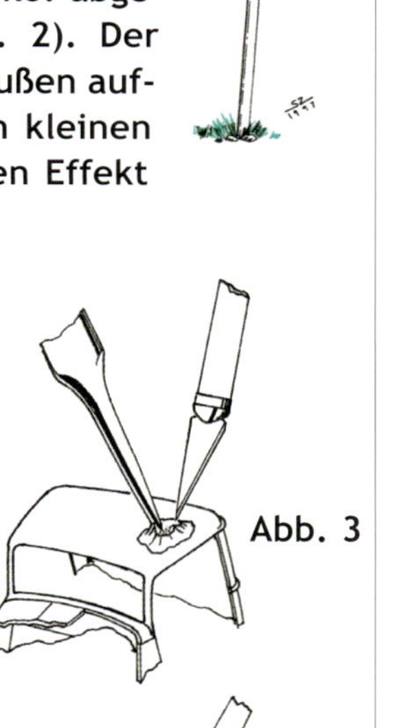

An einer ausgesuchten Stelle wird sehr feiner Sand oder ein anderes vergleichbares Material aufgestreut, das nicht vom darunter befindlichen Klebstoff aufgelöst wird. Damit wird die typische Runzelbildung des Rostes nachgebildet (Abb. 1). Die Stelle wird mit Maskol abgedeckt und die übrigen Lackierarbeiten fortgesetzt (Abb. 2). Der Maskolfilm wird mit Skalpell und Pinzette von innen nach außen aufgebrochen (Abb. 3). Der innere Bereich des entstandenen kleinen "Kraters" wird nun mit stark verdünnter (um einen matten Effekt zu erzielen) Ölfarbe bepinselt (Abb. 4).

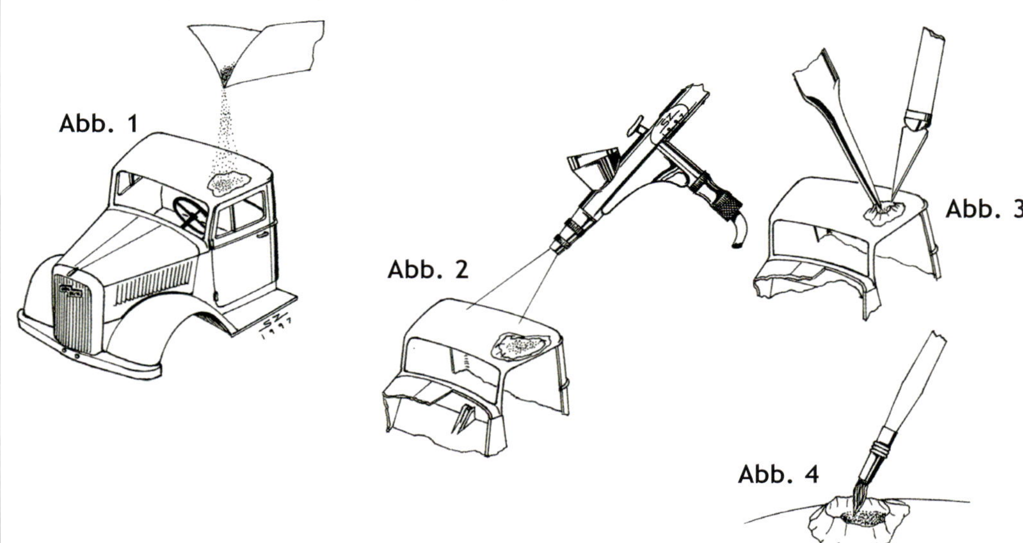

Die Pritsche

Wie schon vorher erwähnt, wollte ich bei der Pritsche eine realistische Verwitterung an den verschiedenen Materialien wiedergeben. Die von mir aus Plastik gefertigten Stangen für das Verdeckgestänge und die verschiedenen aus Messing erstellten Details stellten kein Problem dar. Etwas anders verhielt es sich da schon bei den kleinen Brettchen aus Lindenholz, die ich für die Aufbauten verwendete.

Bevor ich bei ihnen mit dem Alterungsprozess begann, ersann ich ein System, das Holz rissig zu machen und die Farbe abblättern zu lassen. Schon bei der Montage hatte ich den Brettern ein rissiges und verschlissenes Aussehen gegeben, um die Spuren intensiven Gebrauchs zu simulieren. In einem weiteren Arbeitsschritt ließ ich die Lindenbrettchen eine verdünnte Mischung aus den Enamelfarben Schwarz und Grau aufsaugen, um den Eindruck von altem Holz zu erwecken. Die Farbmischung sollte dabei nicht zu dick sein, damit die Farbe auch in das Holz eindringt und nicht nur als Farbschicht an der Oberfläche verbleibt. Wird dieser Schritt richtig durchgeführt, entsteht später der Eindruck, dass das Grau aus dem Inneren des Holzes kommt. Wie die Brettchen mit Rissen usw. versehen wurden, lässt sich am besten den entsprechenden Abbildungen und Bildunterschriften entnehmen. Mit der Spritzpistole trug ich dann noch etwas grüne Farbe an den Stellen auf, die beschattet und feucht sind, um den Bewuchs mit Moos vorzutäuschen.

Links: **Zwei Ansichten der im Eigenbau aus Plastiksheet und klarer Plastikfolie entstandenen Zapfsäule.**

Die weiteren Maßnahmen

Die Schlammverkrustungen an den Kotflügeln

Wer hat noch nicht die Verkrustungen gesehen, die sich an den Innenseiten der Kotflügel ablagern, wenn ein Fahrzeug im Gelände bewegt wird? Die Art und Weise der Darstellung der Verkrustung ergibt sich aus einer Kombination von Dreck und den ebenfalls vorhandenen Auflösungserscheinungen der Kotflügel. Ich verwendete dafür grauen, mit Aceton geschmeidig gemachten Kitt, den ich mit einer kleinen Spachtel (aus der Zahnarztpraxis) verteilte. Nun wartete ich, bis der Kitt fast trocken war und begann das Aussehen der Verschmutzungen zu variieren. Dazu trommelte ich mit den Borsten eines harten Pinsels, die ich in Aceton getaucht hatte, auf die Oberfläche der Verkrustungen. Ich wollte die Verkrustungen natürlich matt aussehen lassen und weil sich dies mit Ölfarben nicht verwirklichen lässt, bemalte ich sie in mehreren Durchgängen mit verschiedenen Farben wie Schwarz, Braun oder Orange. Später bröckelte ich dann von dem nun “farbigen” Kitt an einigen Stellen etwas ab, um so ein noch vielfältigeres Aussehen zu erhalten, ohne auf das Trokkenmalen zurückzugreifen.

Die Mechanik

Ich habe relativ oft die Gelegenheit mich in Autowerkstätten umzusehen und es gibt dort genügend Anschauungsmaterial für einen Modellbauer. Dort liegen eigentlich immer alte Dosen, verschmierte Werkzeuge, Austauschteile und Motoren, aber auch Autos, die auf ihre Reparatur oder Restaurierung warten, herum. Um die Verschmutzungen durch Öl und andere Schmiermittel am Modell darzustellen, gibt es wohl nichts besseres als Ölfarbe. Damit lässt sich der Eindruck eines eingefetteten Aussehens gut darstellen. Ich benutze aber an vielen Stellen noch zusätzliche Hilfsmittel, um die gewünschten Effekte darzustellen.

So gab ich an den verschiedenen Teilen der Mechanik (Motor, Differential, Getriebe) etwas Acryl-Aluminiumfarbe in unterschiedlichen Mischungsverhältnissen zu den Ölfarben Siena gebrannt und Schwarz hinzu. Wie bei der bereits beschriebenen Erzeugung von Roststellen gab ich auch hier anschließend mit einem Lappen etwas reine Verdünnung hinzu, um verschiedene Abtönungen und den Effekt des Verschmierens zu erhalten.

Links und unten: **Einige der realen Objekte, die den Autor bei der Erstellung seines Modells beeinflußten. Die Zapfsäule war nicht mehr in Betrieb und das Fahrzeug zeigte die Spinnweben, wie sie auch im Modell wiedergegeben wurden.**

Auf dieser Seite sind nochmals einige Aufnahmen des fertigen Modells zu sehen. Das Ergebnis der verschiedenen benutzten Techniken ist dabei sehr schön zu erkennen. Als kleiner Gag wurde auch eine maßstäblich verkleinerte Schachtel des Bausatzes auf dem Sockel plaziert.

Die Spinnweben

Ich erinnerte mich daran, dass einige glänzende Klarlacke wie z.B. der Enamel-Klarlack von Gunze Sangyo beim Sprühen mit der Spritzpistole Fäden ziehen können. Das würde sich doch für Spinnweben im Fahrerhaus des Opel Blitz eignen, dachte ich mir. Ich probierte das Ganze aus und war selbst davon überrascht, welch gutes Ergebnis ich erhielt. Ehrlich gesagt, war ich begeistert und nach einigen Probedurchgängen ging ich daran, das Innere des Fahrerhauses (Sitze, Lenkrad, Pedale, Hebel usw.) zu "verzieren". Die Wirkung ist tatsächlich so realistisch, ja geradezu abstoßend, wie ich es nicht erwartet hätte.

Das i-Tüpfelchen

Ich beschloss, meinem Opel Blitz eine alte ausrangierte Zapfsäule zur Seite zu stellen, wie man sie früher häufig auf dem Land als Zapfstellen finden konnte, um die ländliche Bevölkerung mit Benzin oder auch Zweitaktmischung zu versorgen. Ich habe eine solche Zapfsäule aus Plastiksheet und starker klarer Plastikfolie im Maßstab 1:24 nachgebaut. Die in den Fenstern der Säule zu sehenden Zahlen und Buchstaben entstanden aus Fotokopien oder wie im Fall des "Super 98-100" aus kleinen 1,5 mm großen Transfer-Buchstaben. Um das Glas etwas trübe erscheinen zu lassen, spritzte ich auf die Innenseite der Folie etwas matten Klarlack. Für den schweren Gummi-Benzinschlauch benutzte ich einen dicken Bleidraht, der sehr flexibel ist und sich so in natürlicher Weise legen lässt. ●

GRUNDLAGEN DES DIORAMENBAUS

MODELLE VON Marijn Van Gils

Warum ein Diorama bauen? Wie sieht die ideale Präsentation eines Fahrzeugs oder Flugzeugs aus? Wie kann man das Erscheinungsbild eines Modells, in das schon viel Zeit und Arbeit investiert wurde, nochmals verbessern? Warum werden Dioramen oft als die vollständigste und eindrucksvollste Form des Modellbaus bezeichnet? Diese Fragen sind alle falsch!!!

Wenn es das Ziel ist, ein Modell aufs Beste zu präsentieren, kann es schon ausreichen, einen etwas ausgestalteten Sockel mit einigen Figuren und etwas Zubehör zu verwenden. Auf diese Art und Weise ist man jedenfalls sicher, dass das Modell im Mittelpunkt steht, die größte Aufmerksamkeit genießt und nicht die Gefahr besteht, dass es sich in einer komplexen Umgebung verliert.

Geschichte und Atmosphäre

Der wichtigste Zweck eines Dioramas sollte hingegen jener sein, dem Betrachter etwas mitzuteilen: eine bestimmte Stimmungslage, eine aufregende Atmosphäre oder kurz gesagt eine Geschichte erzählen. Natürlich kann jedes Modell für sich eine Geschichte erzählen, aber für ein Diorama ist dies wesentlich. Dioramen können das unterschiedlichste Aussehen haben und mit den verschiedensten Mitteln erstellt worden sein. Aber um es als Präsentationsmittel für ein oder mehrere Fahrzeuge zu benutzen, muss es etwas erzählen. Warum sollte man sich auch die ganze Mühe des Figurenbemalens und Gestalten des Dioramas machen, wenn das Ganze nicht dazu beitragen kann, ein Modell ins richtige Licht zu stellen und mit ihm eine Einheit zu bilden. Was will ich damit sagen? Es genügt nicht, ein Modell in ein Diorama zu stellen, sondern das Diorama wird zum Modell!

Die Zusammenstellung

Auch wenn dies schon oft gesagt und gehört wurde, aber entscheidend bei einem Diorama ist es, dass die Geschichte klar und deutlich dem Betrachter dargelegt wird. Die Zusammenstellung des Dioramas hat in diesem Zusammenhang eine sehr bedeutende Rolle, obwohl sie nur einen Teilaspekt des Dioramenbaus darstellt. Dieser Abschnitt der Gestaltung hat einen integrierenden Effekt. Denn das Diorama ist eine Geschichte und die Geschichte ergibt sich aus der Zusammenstellung. Alle anderen Aspekte der Dioramengestaltung haben da eigentlich nur sekundären Charakter. Die Wahl der Fahrzeuge, der Figuren, des Geländes usw. ist immer den Notwendigkeiten der Zusammenstellung untergeordnet.

Links:
Diese Aufnahme des Dioramas "Last Round" demonstriert, wie eine Kette die Verbindung zwischen den beiden Handlungsebenen herstellt. Diese einfache visuelle Verknüpfung genügt, die Zusammenhänge zu erklären.

Unten:
Aufteilung und Größenverhältnisse sind nicht die einzigen Faktoren bei der Dioramengestaltung. Auch die Farben dürfen dabei nicht vernachlässigt werden. Dieses Bild zeigt ein Detail aus dem Diorama "The Goose Meal" und ist ein schönes Beispiel dafür, wie ein Fleck mit heller Farbe - in diesem Fall die Gans - sofort die Aufmerksamkeit auf sich zieht und dem Betrachter die Zusammenhänge erklärt.

Links:
Eine sehr gute Methode, realistische Zusammenstellungen zu erproben und abzuwägen, ist der probeweise Aufbau mit Styropor und anderen Materialien, um Elemente wie Gebäude, Bäume und Landschaftsformen darzustellen. So erhält man eine Vorstellung vom endgültigen Aussehen und kann notwendige Änderungen vornehmen. Das Bild zeigt ein solches Probeszenario des Dioramas "Godverdomme".

Ein gutes Diorama erfordert nicht nur beeindruckende Fahrzeuge, dutzende Figuren oder komplexe Landschaftselemente. Eine komplexe Geschichte ist aber genauso wenig erforderlich.
Eine einfache Geschichte, erzählt mit Hilfe einer gekonnten Zusammenstellung, genügt vollkommen, dem Betrachter die eigenen Ideen zu vermitteln. Und genau das wollen wir ja erreichen.
Der Modellbau erhält so einen ganz neuen Aspekt, sozusagen etwas vom Flair der Malerei, Fotografie oder Bildhauerei. Denn ein Diorama ist eigentlich ein dreidimensionales Bild - nicht mehr und nicht weniger.

Das Diorama in seiner Gesamtheit

Wie schon angedeutet, ist das Diorama eine Einheit und sollte auch in seiner Gesamtheit betrachtet werden. Deshalb bedarf jedes Element eines Dioramas der gleichen Aufmerksamkeit. Nur wenn ein Element eine besondere Rolle in der zu erzählenden Geschichte einnimmt, und das muss nicht immer ein Panzer sein, verdient es eine verstärkte Aufmerksamkeit, was aber nicht zu Lasten der anderen Bestandteile gehen darf.
Wie eine Kette ist ein Diorama nur so stark wie sein schwächstes Glied. Deshalb darf man die Gebäude, die Vegetation oder die Figuren niemals nur als Beiwerk betrachten. Auch wenn man an deren Verwirklichung vielleicht nicht so viel Spaß hat, kann davon das Gelingen eines Dioramas abhängen.
Das soll jetzt aber nicht bedeuten, dass man ein Fachmann für das Figurenmalen oder das Konstruieren von Gebäuden sein muss, um ein gutes Diorama zu verwirklichen. Was zählt, ist die Geschichte, die von der Gesamtheit des Dioramas erzählt wird. Gekonnte Techniken bei der Erstellung der einzelnen Bestandteile spielen sicher eine Rolle für das realistische Erscheinungsbild eines Dioramas, können aber alleine keine gute Geschichte erzählen.

Realismus

Realismus ist sicherlich ein wichtiger Faktor im Modellbau, was damit natürlich auch für den Dioramenbau gelten muss. Gibt es jetzt aber verschiedene Wege, bei der Erstellung eines Dioramas den richtigen Grad an Realismus zu erzielen? Eine Methode besteht darin, dem "technischen" Aspekt bei der Erstellung größte Sorgfalt zukommen zu lassen und auf korrekte Tarnschemen usw. zu achten. Oftmals ist es aber entscheidender auf eine realistische Atmosphäre zu achten. Der Trick ist also, verschiedene Elemente logisch so anzuordnen und durch die Bemalung und Alterung so aufeinander abzustimmen, dass es gelingt, eine harmonische Gesamtheit zu erzeugen. Dazu gehört natürlich auch, dass die einzelnen Elemente nicht zu weit voneinander entfernt sind oder sich dicht an dicht auf der Dioramenplatte drängeln.
Ich frage mich oft bei den Überlegungen für ein Diorama, welche Bedeutung ich dem Realismus geben soll. Ist eine "wissenschaftliche" Betrachtung notwendig, bei der jedes Detail einer Tarnuniform stimmen muss, oder nehme ich eine gewisse künstlerische Freiheit in Anspruch, um die Emotionen besser zum Ausdruck zu bringen, die von einem Dioramenbestandteil ausgehen.
Wahrscheinlich ist auch hier der Kompromiss die beste Lösung. Planung und Nachforschung für ein Diorama sollten durchaus wissenschaftlich erfolgen, während der Gestaltung kann dann der künstlerische Aspekt zum Zuge kommen.

Schlussbemerkungen

Das Planen eines Dioramas bedarf einer großen Menge Zeit und Aufmerksamkeit. Entscheidend ist dabei nicht die reine Herstellung einzelner Fahrzeuge oder Figuren, sondern das Erfassen der künftigen Zusammenstellung der Szene. Andererseits entstehen gerade aus der Spontanität viele besondere und witzige Dioramen. Die Suche nach Ideen und Quellen der Inspiration ist aber eigentlich immer die Grundlage, um die Voraussetzungen zu schaffen, ein Diorama zu erstellen, das in seiner Gesamtheit überzeugen kann.

Rechts:
In diesem Bild von "Godverdomme" wird wieder die Bedeutung der Farbe bei der Dioramengestaltung und -erzählung deutlich. Die düstere Kirche mit ihren gedeckten Farben gibt einen Eindruck des in Asche liegenden Europas. Zur gleichen Zeit wird aber die Aufmerksamkeit auf den Panther und die Figuren gelenkt, die durch ihre Farbgebung hervorragen.

TAMIYA, 1:35

TRINKWASSER

TUNESIEN, FEBRUAR 1943

VON Fabrizio Faggion

Die Erstellung eines Dioramas, unabhängig von seiner Dimension, verlangt eine Phase sorgfältigen Planens und Studiums der Zusammenhänge. Bei einem Wüstendiorama kann sich dieser Prozess der Zusammenstellung noch komplizieren, da ein vernünftiger Kompromiss zwischen einer der Umgebung angepassten einfachen Ausgestaltung und einer interessanten Gestaltung gefunden werden muss. Der Trick dabei ist, die geographisch korrekte Landschaft mit historisch verbürgten Elementen anzureichern. Das können ein Panzer-Abwehrgraben, eine Verteidigungsstellung oder auch ein Brunnen sein. Sie allein können manchmal schon die Gedanken ausdrücken, die hinter dem Diorama stehen und oft reicht es dabei, nur einen kleinen Teil des Dioramas entsprechend zu gestalten.

Dieser Philosophie folgend, gestaltete ich mein Diorama "Trinkwasser", das zwei Bereiche hat, die die Aufmerksamkeit auf sich ziehen – das Fahrzeug und der Brunnen – und auf einer minimalen Fläche entstand.

Die Wahl des Fahrzeugs wurde durch zwei unterschiedliche Faktoren bestimmt: zum einen mein persönliches Interesse an dem Fahrzeug und zum anderen die Notwendigkeit ein Fahrzeug mit kleinen Dimensionen, aber gleichzeitig attraktivem Aussehen zu verwenden.

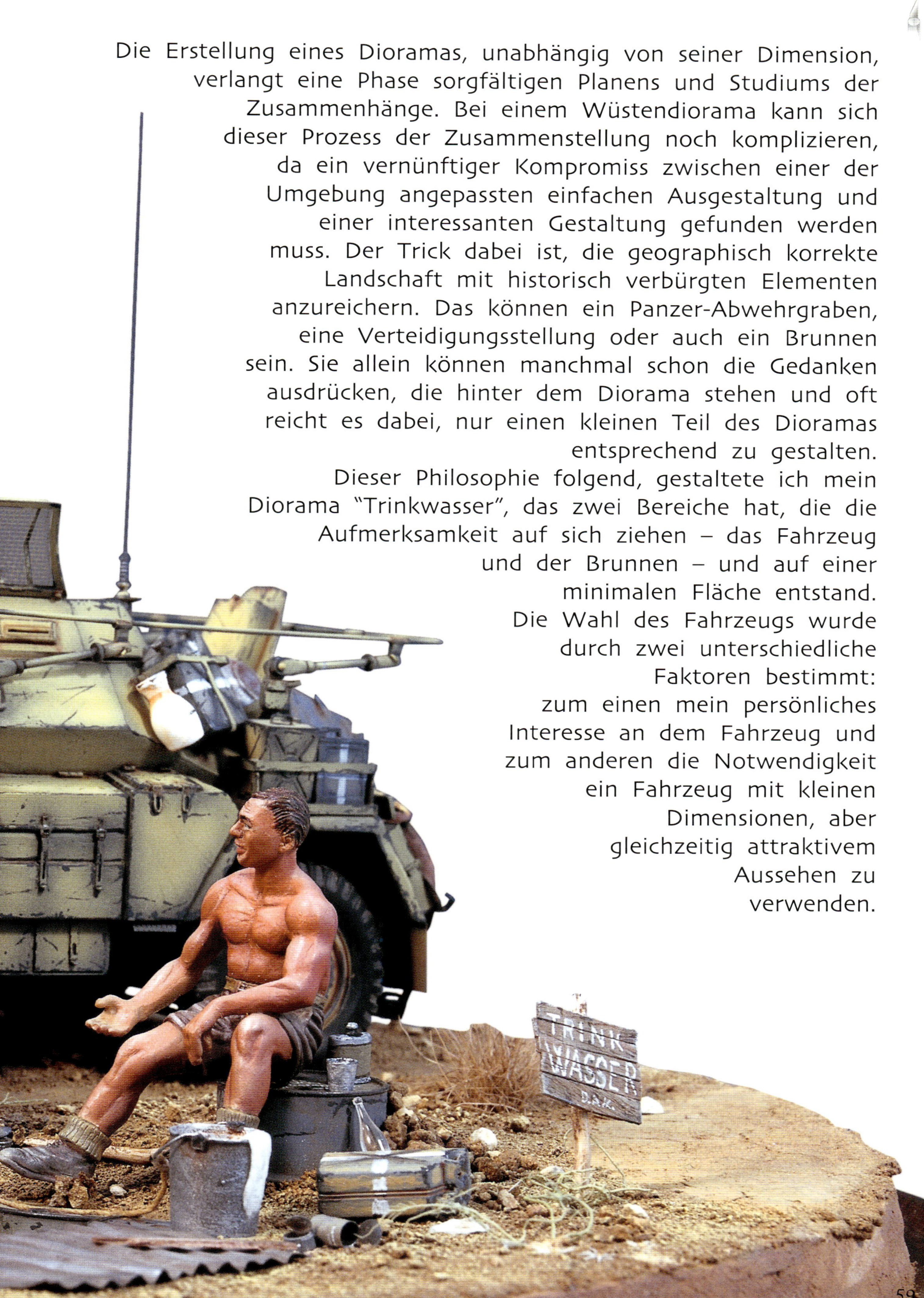

Bau des Sd. Kfz. 223

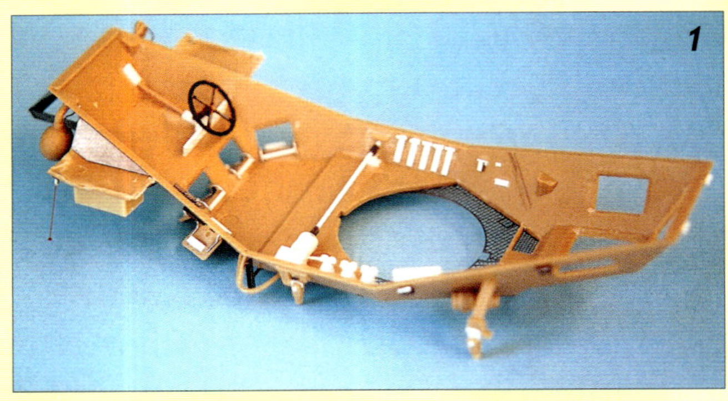

1 und 2) Der obere Teil der Wanne wurde mit Ätzteilen von Eduard und einigen selbst erstellten Teilen detailliert. Darunter ist auch der Mechanismus zum Heben und Senken des Antennenrahmens.

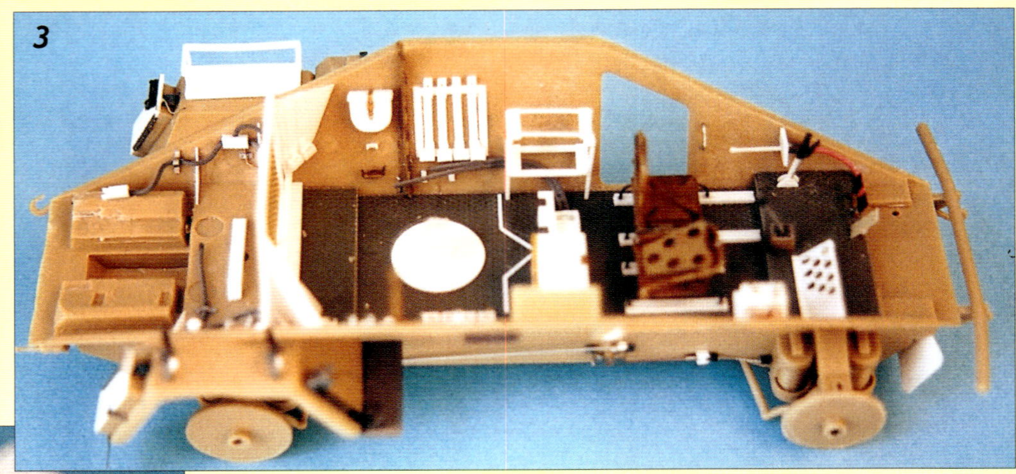

3) Das untere Wannenteil verlangte etwas mehr Eigenbauten, die vor allem im Inneraum eingesetzt wurden. Nur die Riffelbleche und einige andere Ätzteile stammen aus dem Set von Eduard.

4) Auch der Motor wurde im Eigenbau erstellt. Dabei fanden Plastik-Röhrchen und verschiedene andere Produkte von Evergreen Verwendung. Da die Motorklappen im geöffneten Zustand dargestellt werden sollten, wurde diese Detaillierung notwendig.

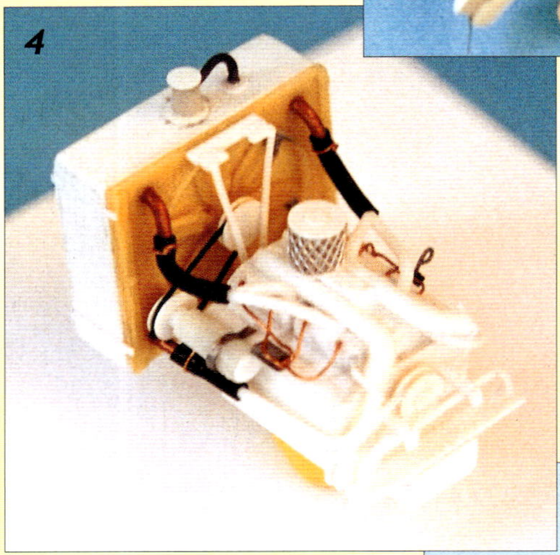

5) Dank der zahlreichen geöffneten Klappen werden viele Details des Innenraums sichtbar. Kein schlechtes Ergebnis bei einem doch schon recht betagten Bausatz.

Das Fahrzeug

Sd. Kfz. 223 leichter Panzerspähwagen (Fu)

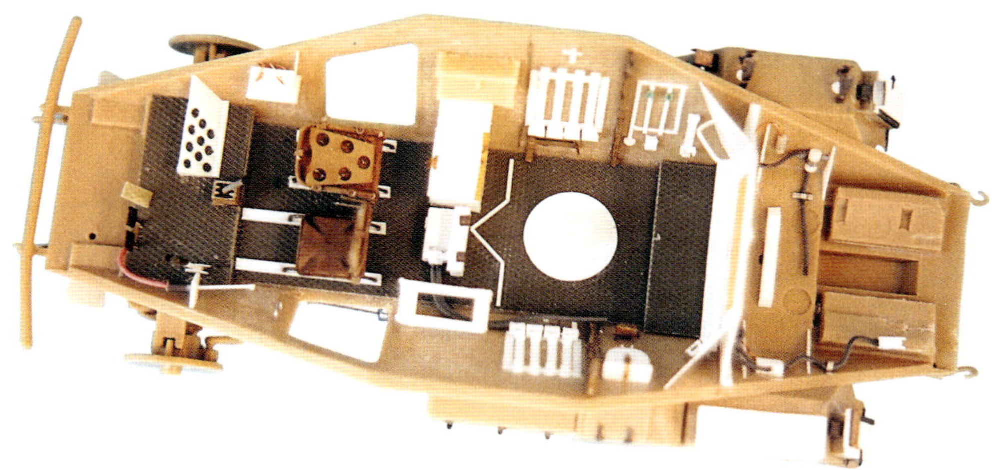

Von Auto Union/Horch auf der Automobil-Ausstellung 1936 in Berlin vorgestellt, wurde dieses Fahrzeug als Sd. Kfz. 221 1937 in Dienst gestellt, um mit zwei weiteren Versionen (222 und 223) mit Deutschland am Krieg teilzunehmen. Sein Einsatzdebut erlebte das Fahrzeug beim Russland-Feldzug und in Nordafrika im Jahre 1942. Das Sd. Kfz. 223 war mit der Funkanlage Fu 8 mit 50 kW ausgerüstet, das einen Frequenzbereich von 850 bzw. von 1130 bis 3000 kHz/s abdeckte, je nach verwendeter Antenne.

Das Fahrzeug hatte einen AU/Horch-V8-Motor mit 3517 ccm und Wasserkühlung. Die Leistung betrug 75 PS bei 3600 U/min. Die Besatzung bestand aus drei Mann und als Bewaffnung wurde ein MG 34 cal. 7,92 mm mitgeführt.

Der Zusammenbau des Innenraums

Zur Verwirklichung dieses Panzerspähwagens wurde der Tamiya-Bausatz mit der Art.-Nr. 35062 verwendet, der trotz seines Alters recht gut detailliert und sehr sauber gefertigt ist. Um die Detaillierung zu verbessern, wurde das Ätzteileset Nr. 35322 von Eduard verwendet, das sehr umfangreich ausgefallen ist und viele brauchbare Teile sowie Schablonen für die Balkenkreuze und taktische Zeichen enthält.

In der ersten Phase des Zusammenbaus wurde die Wanne an bestimmten Stellen, das sind vor allem die Bereiche an den Klappen, die ich offen darstellen wollte, dünner geschliffen, da die Wandstärke etwas übertrieben ausgefallen ist. Ich benutzte dafür eine zylindrische Minifräse, wobei ich mit niedriger Drehzahl arbeitete, damit das

DIE ERSTELLUNG DES BRUNNENS UND DES SOCKELS

1) Der Sockel setzt sich aus einem runden Bilderrahmen und einer kreisförmigen Sperrholzplatte zusammen, in die ein rundes Loch gesägt wurde. Die Rückseite des Sockels bildet ein weißer Karton.
2) Die Fässer wurden mit Spachtelmasse befestigt, mit der auch die Zwischenräume gefüllt wurden.

3) Auch der Brunnenrand wurde mit Spachtelmasse angelegt.
4 und 5) Eine dünne Hartschaum-Platte wurde auf das Sperrholz aufgeklebt und so bearbeitet, dass der Boden leichte Wölbungen erhielt. Dazu wurden auch dünne Schichten aus Modelliermasse aufgebracht.

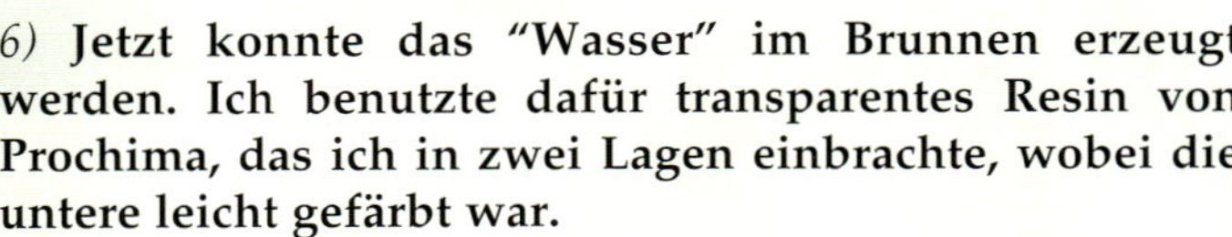

6) Jetzt konnte das "Wasser" im Brunnen erzeugt werden. Ich benutzte dafür transparentes Resin von Prochima, das ich in zwei Lagen einbrachte, wobei die untere leicht gefärbt war.

7) Ich zerstieß etwas Pflanzgranulat, bis ich ein feines Pulver erhielt.
8) Dieses Pulver mischte ich mit Wasser und Weißleim, um diese Mischung auf dem Boden zu verteilen. Dabei berücksichtigte ich gleich die Reifenspuren des Fahrzeugs. Während die Mischung noch feucht war, brachte ich auch kleine Steine, Wurzeln usw. an.

9) Mit einem Washing aus dunkelbrauner Farbe verlieh ich dem Boden eine optische Tiefenwirkung und führte noch ein Trockenmalen mit verschiedenen Sandfarben durch. *10)* Während der Bemalungsarbeiten war der Brunnen abgedeckt, um hier keine störenden Effekte entstehen zu lassen. *11)* Abschließend wurde das Diorama noch mit zahlreichen Kleinteilen bereichert.

Plastik nicht schmelzen konnte. Anschließend passte ich die im Eduard-Set mitgelieferten Gitter ein und bereitete die geöffneten Klappen am Motor vor. Dabei ist eine gewisse Aufmerksamkeit vonnöten, um bei der Anpassung nicht zuviel Material am Modell abzunehmen. Im Innenraum klebte ich am Boden Riffelbleche ein und fertigte mir aus Plastik-Sheet die Trennwand zwischen Innen- und Motor-Raum an.
Die Sitze entstanden aus Teilen aus meiner Restekiste und das Funkgerät entstand größtenteils im Eigenbau, wie auch dessen Halterungen sowie Bügel und Staukisten im Innenraum. Mit einem Punch & Die-Set lochte ich ein 0,2 mm starkes Stück Plastiksheet und erstellte daraus die Fußstütze des Beifahrers, während die Pedale des Fahrers aus Fotoätzteilresten entstanden. Am Armaturenbrett bildete ich die Instrumente nach, indem ich in entsprechender Größe die Löcher ausstanzte und fotokopierte Skalen einsetzte. Am Vorbild bestand die Möglichkeit, die Antenne bei Bedarf einzuziehen und ich wollte auch diesen Mechanismus nachbilden. Ich benutz-

Auf dieser Seite:
Der Motor aus verschiedenen Blickwinkeln. Hier sind auch die unterschiedlichen Gebrauchsspuren am Fahrzeug gut zu erkennen. Der Panzerspähwagen trägt zahlreiche Lackkratzer, die die graue Grundfarbe durchscheinen lassen und teilweise bis auf das blanke Metall reichen. Die Auspuffanlage wurde so behandelt, dass sie ein stark verrostetes Aussehen erhielt, was durch die starke Wärmeentwicklung verursacht wird.

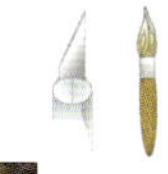

te dafür dünne Plastikröhrchen und andere Plastik-Teile. Den schwierigsten Teil beim Zusammenbau stellte der kleine Drehturm dar, was sich aus der geringen Größe und den recht empfindlichen, verwendeten Teilen ergab. Der Turm und seine untere Plattform wurden mit fotogeätzten Stützen verbunden. In diese zylindrische Struktur mussten nun der Sitz des MG-Schützen, die Halterungen für das MG 34 und die Munitionsbehälter eingepasst werden.
Das MG aus dem Bausatz ersetzte ich durch ein besser detailliertes Teil aus meinem Fundus und verfeinerte die ganze Einheit noch mit weiteren Plastik- und Fotoätz-Teilen.
Der Motor entstand komplett im Eigenbau aus Plastikteilen und mit einer vorbildgerechten Bemalung ergab sich daraus ein schönes Abbild des V8-Motors. Als große Hilfe erwies sich dabei der Band 04 aus der Nuts & Bolts-Reihe, der eine ganze Zahl sehr schöner Aufnahmen und Zeichnungen zu diesem Thema enthält.

Die Bemalung des Innenraums

Ich musste Innenraum und Motor natürlich bemalen und altern, bevor ich die Wanne schloss. Zuerst brachte ich eine Schicht Dunkelgrau auf, wobei ich auch den Motorraum einschloss. Nachdem ich diesen abgedeckt hatte, spritzte ich den Innenraum mit Mattweiß, wobei ich allerdings die Winkel und Ecken bewusst nicht zu intensiv mit Farbe bedachte, um schon so eine gewisse Tiefenwirkung zu erreichen. Zum Altern verwendete ich Künstler-Ölfarben und Pastellkreiden. Beim Motor brachte ich eine leichte braune Rostschicht an, die ich teilweise mit Silber aufhellte. Verschmutzungen durch austretendes Öl usw. bildete ich mit der Ölfarbe Siena gebrannt nach.

Der Zusammenbau und die Bemalung der Außenseite

Auch der Außenbereich des Modells erfuhr zahlreiche Änderungen, die vor allem aus dem Hinzufügen von Fotoätzteilen bestanden. Die wichtigste Maßnahme war allerdings das Ersetzen der bügelförmigen Antenne. Im Bausatz besteht dieses Teil aus einem einzigen Stück, das nun mit einer Konstruktion aus Messingdraht und

Auf dieser Seite:
Die Plazierung der verschiedenen Zubehörteile, wie dieser Drahtschere, muß durchdacht sein, um Glaubwürdigkeit zu erzeugen. Auch das Ausmaß der Alterungserscheinungen darf nicht übertrieben werden, um nicht grotesk zu wirken. Historische Vorbildaufnahmen liefern dazu sehr wertvolle Hinweise.

Stützen aus Plastikteilen ersetzt wurde. Auch hier dienten wieder Vorbildaufnahmen als Vorlage.

Die Klappen des Motorraums wurden aus 0,2 mm starkem Plastik-Sheet erstellt und mit entsprechenden Stützen versehen, die sie offen hielten. Das Schild unterhalb der vorderen Stoßstange entstand ebenfalls aus Plastik-Sheet und wurde noch vorbildgerecht mit einigen Bolzen versehen.

Um dem Fahrzeug das Aussehen intensiven Gebrauchs zu verleihen, kürzte ich die beiden vorderen Kotflügel. Mit diesem Notbehelf wurde die Zugänglichkeit bei Wartungsarbeiten deutlich verbessert. Ich ersetzte weiterhin alle Stützen und Befestigungen an der Außenseite der Wanne durch fotogeätzte Teile und erstellte aus Plastik-Profilen die Halterungen für die Benzinkanister auf dem hinteren linken Kotflügel. Bevor ich jetzt weitere Anbauteile anbrachte, begann ich mit der Lackierung des Modells. Zuerst trug ich einen mittelgrauen Grundanstrich aus XF-53 von Tamiya auf. Darauf ließ ich einen Anstrich mit gelber Sandfarbe von Vallejo folgen, wobei ich vor allem die Hauptflächen des Modells intensiver mit dieser Farbe bedachte. Allein dadurch erzielte ich wieder eine gewisse Tiefenwirkung an meinem Modell, die ich durch die folgenden Alterungsprozesse noch verstärken wollte.

Nachdem die Farbe komplett durchgetrocknet war, begann ich mit dem Anbringen verschiedener Abnutzungsspuren. Dazu erzeugte ich mit dunkelgrauer Farbe Lackbeschädigungen in den Bereichen, die verstärkter Abnutzung ausgesetzt waren. Später verstärkte ich diese Wirkung teilweise noch mit Graphit an den grauen Stellen. Schmutz und Rost ahmte ich mit stark verdünnter Ölfarbe nach (Siena gebrannt), die bei Berührung des Modells mit dem Pinsel die Einzelheiten umfloss. Mit wenigen Maßnahmen war es mir so gelungen, dem Modell ein sehr realistisches Aussehen zu verleihen.

1L

Die Erstellung des Dioramas

Da ich keinen passenden vorgefertigten Sockel für mein Vorhaben finden konnte, kaufte ich mir einen runden Bilderrahmen mit 20 cm Durchmesser, in den ich ein zurechtgeschnittenes Holzbrett mit 5 mm Dicke einpasste. Zuvor hatte ich noch ein Loch mit 6 cm Durchmesser für den Brunnen in diese Platte gesägt. Die Unterseite des so entstandenen Sockels fertigte ich aus weißem Karton an.

Für die Fässer, die als Einfassung des Brunnens dienen, eignen sich die Plastik-Fässer von Italeri oder Tamiya ausgezeichnet, da sich diese sehr einfach auf die gewünschte Länge kürzen lassen. Ich bemalte die Fässer, bevor ich sie in den Ausschnitt im Sockel einpasste.

Ich füllte die Zwischenräume mit etwas Spachtelmasse, befestigte damit auch die Fässer am Sockel und gestaltete den Boden des Ausschnitts. Aus einer dünnen Hartschaum-Platte, die ich nun aufklebte, erzeugte ich die leichten Wölbungen des Wüstenbodens auf dem Sockel. Die Hartschaum-Platte wurde anschließend mit Sandfarbe von Vallejo eingefärbt, bis die ursprüngliche Farbe komplett verdeckt war.

Um das Wasser im Brunnenloch darzustellen benutzte ich transparentes Resin von Prochima. Dieses Produkt ist sehr brauchbar, sollte aber bezüglich der Mischungsverhältnisse der Komponenten genau nach den Herstellerangaben verarbeitet werden.

Hat man so eine vollständige Katalyse des Resins erreicht, ist das Ergebnis wirklich sehenswert. Den Boden des Brunnens hatte ich mit dunklem Grün bemalt, um die Tiefe des Brunnens vorzutäuschen. Zum gleichen Zweck hatte ich der ersten Resinschicht einige Tropfen olivgrüner Vallejo-Farbe beigemischt. Nachdem diese erste Schicht ausgehärtet war, ließ ich eine zweite folgen, diesmal aber ohne Farbbeimischung.

Es werden im Handel zahlreiche Produkte angeboten, um natürlich aussehenden Oberflächen bei der Gestaltung von Dioramenflächen zu erzeugen. Nach einigen Versuchen erzielte ich mit Pflanzgranulat, das in Blumengeschäften erhältlich ist, sehr schöne Ergebnisse. Dieses Granulat wird in unterschiedlich großen Beuteln angeboten und besteht aus kleinen Kügelchen, die sich mit einem Werkzeug leicht zerstoßen lassen, bis ein feines, für unseren Zweck passendes Pulver entsteht.

Ich mischte dieses Pulver mit Wasser und Weißleim in einer Schüssel, bis ein cremiger Brei entstanden war, und verteilte diesen mit einer Spachtel auf dem Sockel. Kleine Steinchen, Wurzeln und anderes Beiwerk können nun in diese Schicht gedrückt werden, bevor sie sich verfestigt.

Mit einem feuchten Pinsel lassen sich dabei auch noch kleine Nachbesserungen vornehmen. Da die Trocknungszeit sehr lange ist, empfiehlt sich der Gebrauch eines Föhns. Zudem werden durch die schnelle Abgabe des Wassers an den glatten Teilen des Bodens kleine Risse erzeugt, die sehr gut zum Wüstenambiente passen.

Um dem Boden mehr optisches Volumen zu verleihen, führte ich ein dunkelbraunes Washing durch, wobei die Farbe in die kleinsten Risse drang und eindrucksvolle Schattenzonen schuf. Danach malte ich den Boden noch mit verschiedenen Sandfarben trocken.

Vegetation ist in einer Wüste eher spärlich, es ist aber anzunehmen, dass in der Nähe einer Wasserquelle einige, wenn auch magere Büsche zu finden sind. Die beste Methode, solche Büsche nachzubilden, besteht in der Verwendung von Hanffasern, wie sie zum Abdichten von Wasserleitungsrohren verwendet werden. Ich formte daraus kleine Büschel, die ich in vorbereitete kleine Löcher steckte, nachdem ich die unteren Enden mit etwas Weißleim bestrichen hatte.

Nachdem ich sie dann in die endgültige Form gebracht hatte, bemalte ich sie vorsichtig mit etwas Umbra gebrannt. Sobald ich noch das Fahrzeug und die Figuren mit etwas Weißleim befestigt hatte, besserte ich die Klebestellen abschließend noch mit etwas Granulatpulver nach.

Literatur

- Nuts & Bolts Vol. 04
- Armes Militaria Hors-Reihe Nr. 28 Guerre in Tunisie 1 u. 2
- Afrika Korps 1941-43, Osprey publishing
- Automezzi della seconda guerra mondiale, Herausgeber Albertelli
- World War two AFVs

DIE MARETHLINIE

TUNESIEN, MÄRZ 1943

VON **Fabrizio Faggion**

Die Idee zu diesem Diorama entstand, als ich die mit vielen Bildern versehenen Hefte des "Armes Militaria Magazine" nach tunesischen Motiven durchsuchte. Nachdem ich ein Foto gefunden hatte, das mir gefiel, begann ich mit der Planung meines Dioramas. Dieses Bild zeigt ein Fahrzeug, das nicht weit von einem Gebäude steht, dessen Fassade von den vorangegangenen Kämpfen gezeichnet ist und einige Beschriftungen trägt.

1) **Der Rahmen des Sd. Kfz.11 wurde mit Hilfe eines Holzunterbaus erstellt, um damit eine bessere Zugänglichkeit zu ermöglichen.** *2)* **Die Qualität des Bausatzes ist ausgezeichnet und es sind nur wenige zusätzliche Verbesserungen notwendig.** *3 und 4)* **Die Türen des Staufachs wurden aus Plastik-Sheet neu erstellt, da die Metallteile aus dem Bausatz in geschlossener Position nicht passten. Die anderen Anbauteile aus Metallstreifen und Draht sorgen für ein vorbildgerechtes Aussehen des Modells.**

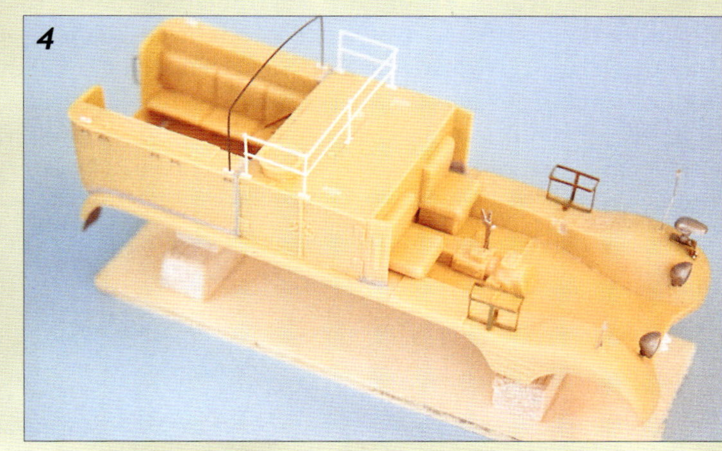

Das Fahrzeug

Leichter Zugkraftwagen 3t Sd. Kfz.11

Dieses 3 t-Halbkettenfahrzeug wurde in der Version HL kl6 von einem Maybach-Motor HL42 TUKRM mit 6 Zylindern angetrieben, der eine Leistung von 100 PS hatte. Das Viergang-Getriebe wies ein Untersetzungsgetriebe für Geländefahrten auf. Die Dimensionen des Fahrzeugs waren in der Länge 5,50 m, in der Breite 2,00 m und in der Höhe 2,20 m bei einem Gewicht von 5550 kg. Der 3 t-Zugwagen wurde 1938 eingeführt und erhielt später im Kriegsverlauf ein hölzernes Einheitsführerhaus.

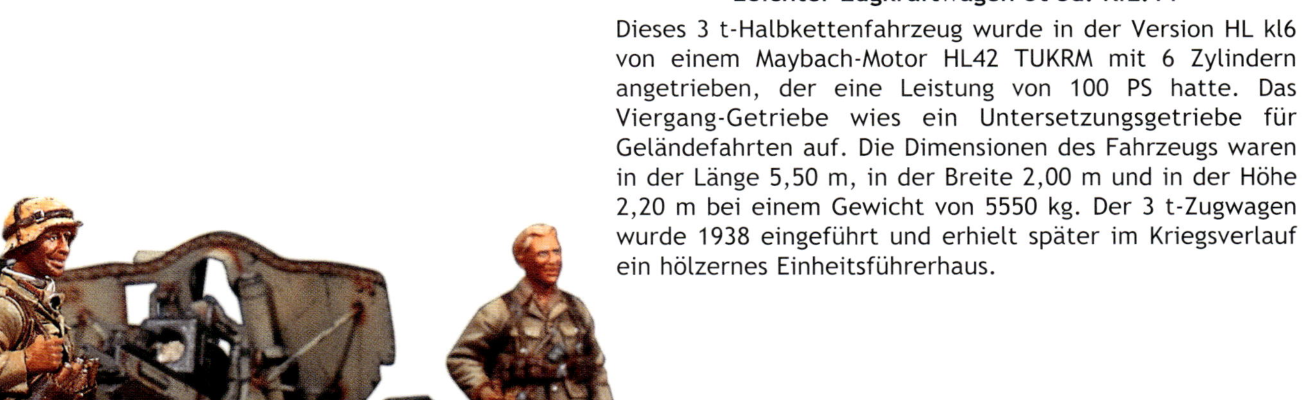

DIE ERSTELLUNG DES GEBÄUDES UND DES UNTERGRUNDES

Das Gebäude wurde aus dünnen Sperrholzplatten erstellt, die mit Mauer-Spachtelmasse bestrichen wurden. Auch die Innenseite des Gebäudes wurde nach einem bestimmten Schema gestaltet, wodurch hier ein sehr glaubwürdiger Eindruck entstand. So setzen sich die Trümmer aus den Teilen des eingestürzten Dachs und der Einrichtung zusammen. Eine dünne Schicht Modelliermasse wurde auf eine Hartschaumplatte aufgetragen und anschließend mit einer Mischung aus zerstoßenem Pflanzgranulat, Wasser und Weißleim bedeckt. Die von Hand aufgetragenen Beschriftungen am Gebäude bringen einen zusätzlichen Farbtupfer in die Szene.

Das Modell

Als ich dieses Diorama erstellte, war der ausgezeichnete Plastik-Bausatz von AFV-Club noch nicht auf dem Markt und ich musste auf den Resin-Bausatz von Sovereign zurückgreifen. Es war mein erstes Modell dieses Herstellers und ich war überrascht von der gebotenen guten Qualität. Denn oft beinhalten Resin-Modelle einige "Überraschungen" und auch ein hoher Preis schützt nicht vor konzeptionellen Mängeln. In diesem Fall konnten aber sowohl die Resin- als auch die Metall-Teile mit sehr guter Qualität aufwarten. Sie hatten eine gute Passgenauigkeit und keine Fabrikationsfehler.

Der Zusammenbau

Nach dem Säubern der einzelnen Teile begann ich mit der Montage, wobei der Rahmen samt Laufwerke separat angefertigt werden kann. Ich baute mir auch eine Art Rahmen aus Holz, auf den ich das Modell während der Montage befestigen konnte. Ich startete mit den Ketten und stand vor der Wahl, die im Bausatz enthaltenen Plastikketten von Modelkasten oder die Metallketten von Friulmodel für das Sd. Kfz. 251 zu verwenden. Der mit den Metallketten erzielbare höhere Grad an Realismus ließ mich schließlich die Ketten von Friulmodel wählen.

Nun folgte die Karosserie. Der Bausatz enthält Metalltüren für das Staufach in der Fahrzeugmitte, die aber unglücklicherweise in geschlossener Position nicht einwandfrei passen. Ich entschloss mich also, die Türen aus Plastik-Sheet neu aufzubauen. Die Halterungen für die Benzinkanister fertigte ich aus Plastikstangen an, für das Verdeckgestänge verwendete ich Metalldraht. Die Kanister-Halterungen auf den Kotflügeln entstanden aus Ätzteilresten, während die Peilstäbe aus Messingdraht und kleinen Plastikkügelchen angefertigt wurden. Das geöffnete Verdeck bildete ich mit einer Drahtstruktur nach, über die ich dünne Lagen mit Wasser und Weißleim getränkter Papiertaschentücher legte. Die Spritzlappen am hinteren Ende der Kotflügel entstanden aus Bleifolie, die ich mit Sekundenkleber befestigte.

Die Scheiben der Windschutzscheibe aus kräftiger steifer Klarsichtfolie wurden genau zugeschnitten und mit etwas Sekundenkleber vorsichtig in die Rahmen eingeklebt. Dünne Plastikstreifen auf die Folie geklebt, bilden den Rahmen wieder nach und verdecken die Klebestellen an den Scheiben.

Die Bemalung

Während der ersten Phase des Afrika-Feldzugs waren die Fahrzeuge der Wehrmacht mit dem typischen Panzergrau lackiert und wurden im Feld mit unterschiedlichsten Mitteln, wie Schlamm oder Mischungen aus Sand und Öl getarnt. Im März 1941 wurde eine Richtlinie erlassen, die eine Standardfärbung der Fahrzeuge aus Braungelb RAL 8000 und Grüngrau RAL 7008 vorgab, wobei letztere Farbe nur sporadisch eingesetzt wurde. Wegen der harten klimatischen Bedingungen waren die Fahrzeuge des Afrika Korps nicht nur starken mechanischen Beanspruchungen ausgesetzt, sondern kämpften auch mit großen Abnutzungserscheinungen bei den Fahrzeuglackierungen. Um diese Abnutzung auch an einem Modell im Maßstab 1:35 darzustellen, liegt es nahe, dieselben Prozeduren durchzuführen, denen auch das Vorbild ausgesetzt war. Ich verpasste meinem Modell also zuerst eine Lackierung mit Panzergrau auf Acrylbasis. Nachdem diese erste Farbschicht getrocknet war, ließ ich eine Lackierung mit gelber Sandfarbe von Vallejo folgen, wobei ich zuerst mit der reinen Farbe arbeitete, um diese dann aber fortlaufend mit hellem Gelb und schließlich Weiß aufzuhellen. Ich ging dabei so vor, dass ich die inneren Bereiche der Flächen intensiver mit der Sandfarbe behandelte und die Randbereiche nur leicht übersprühte, so dass die graue Grundfarbe noch durchschimmern konnte. Mit diesem einfachen Trick erzeugte ich eine erste Tiefenwirkung an meinem Modell, die ich später noch durch Alterungsmaßnahmen verstärken wollte.

Um alle Zwischenräume, Nieten und andere Details des Fahrzeugs hervorzuheben, führte ich am ganzen Modell ein Washing mit stark verdünnter Ölfarbe (Siena gebrannt) durch, indem ich mit einem feinen Pinsel diese Mischung in alle Ritzen und um die vorspringenden Details fließen ließ. Mit Trockenmalen folgte dann noch eine weitere Hervorhebung verschiedener Einzelheiten. Dazu verwendete ich die gelbe Sandfarbe und hellte sie mit Weiß stärker auf, als ich es bei der Verwendung mit der Spritzpistole tat. Den Lackabrieb erzeugte ich mit einem Pinsel und Humbrol Nr. 67 Panzergrau matt. Mit der Spitze eines weichen Bleistifts behandelte ich zusätzlich die Stellen (Kanten, Griffe usw.), an denen das blanke Metall zum Vorschein kommen sollte.

Das Fahrzeug wurde stark gealtert, um den starken Klima-Einflüssen auf diesem Kriegsschauplatz Rechnung zu tragen.

Die Figuren ermöglichen einen Größenvergleich der Dioramenbestandteile und verleihen der Szene zusätzliches Leben.

Das Geschütz

Das Modell der Feldhaubitze FH 18 10,5 cm ist aus dem Programm der Firma Aires und es handelt sich dabei um einen sehr gut gelungenen Bausatz, der kaum Anpassungsarbeiten verlangt. Allerdings handelte es sich um einen Bausatz der Haubitze für den Transport mit einem Pferdegespann, die sich doch in einigen Details von der Version für eine Zugmaschine unterscheidet.

Im Inneren des Gebäudes sind Einrichtungsgegenstände und andere Utensilien verteilt, die auf seine frühere Nutzung hindeuten.

Die Risse des ausgedörrten Bodens wurden durch das Trocknen der geglätteten, feuchten Oberfläche mit einem Föhn erzeugt.

Ich nahm also die notwendigen Änderungen vor, wozu auch andere Räder gehören, die ich mir aus Resin anfertigte. Auch nahm ich die Zielvorrichtung am Geschütz ab, da während des Transports diese empfindlichen Geräte in der Zugmaschine aufbewahrt wurden, um Beschädigungen zu vermeiden. Bei der Lackierung benutzte ich die gleichen Verfahren wie bei der Zugmaschine, also eine graue Grundlackierung und die darauf folgende Sandfarbe. Auch für die Lackbeschädigungen und Verschmutzungen wählte ich die gleichen Mittel und Methoden wie beim Fahrzeug.

Das Gebäude

Für die Gebäudemauern verwendete ich dünne Sperrholzplatten, aus denen ich die vorher ausgemessenen Fenster aussägte. Um die Schnittstellen zu verdecken, klebte ich dünne Holzleisten in die Fensterausschnitte, die somit gleichzeitig als Fensterrahmen dienten.
Nachdem ich die Platten für Boden, Decke und Wände miteinander verklebt hatte, ergab sich ein stabiles Gebilde, das ich weiter bearbeiten konnte.
Um den Wänden die richtige Maueroberflächenstruktur zu verleihen, strich ich sie mit gewöhnlicher Mauer-Spachtelmasse ein. Diese Spachtelmasse bildet nach der Trocknung eine matte porige Oberfläche, die der von Putz in diesem Maßstab sehr ähnlich ist und sich leicht einritzen lässt, um Beschädigungen, Risse usw. darzustellen.
Bei Stellen, an denen der Putz abgebröckelt ist und an den Mauerbrüchen stellte ich die dort zum Vorschein kommenden Steine dar. An den Bruchkanten der Decke bildete ich mit Metalldraht die Armierung nach.

Links und unten: **Die Gesamtheit der auf dem Diorama verteilten Einzelteile und Details gehört zum Gesamtkonzept der Szene und trägt mit zu ihrer Geschichte bei. Hier fand ohne Zweifel ein heftiger Kampf statt, was sich auch an dem durch ein Geschoss beschädigten britischen Helm zeigt. Die zahlreichen Benzinfässer lassen erahnen, dass sich hier ein Versorgungsstützpunkt befunden hatte.**

Man darf auch nicht vergessen, Trümmer und Schutt der eben erwähnten Materialien im Inneren des Gebäudes darzustellen.
Nachdem Putz und Verklebungen gut getrocknet waren, begann ich mit der Bemalung des Gebäudes. Die Aufschriften malte ich frei Hand, wobei ich die Umrisse zuerst mit einem weichen Bleistift vorzeichnete und vorher auf einem Karton einige Übungen absolviert hatte, um die richtigen Dimensionen herauszufinden. Als nächstes malte ich die einzelnen Buchstaben mit einem weichen Pinsel und wenig Acrylfarbe von Vallejo. Ich verwendete dafür mehrere Pinselstriche, bis ich bei jedem Buchstaben die gewünschte Größe erreicht hatte. Anschließend dunkelte ich die ursprüngliche Farbe etwas ab und schuf damit einige dunklere Bereiche an den Buchstaben.

Oben und unten: **Die Feldhaubitze FH 18 wurde in Transportstellung dargestellt. Deshalb wurde auch die Zielvorrichtung abmontiert, die im Zugfahrzeug untergebracht wurde.**

Links: **Bevor man ein Fahrzeug altert, ist es unerlässlich, sich klar zu machen, welche Bereiche dafür in Frage kommen. Auch der Aufbau der Lackschichten spielt wie hier eine wichtige Rolle, wo die graue Grundfarbe unter der Sandfarbe wieder zum Vorschein kommt.**

Falls beim Malen der Buchstaben ein Fehler unterläuft, muss man die Farbe trocknen lassen und dann vorsichtig an den entsprechenden Stellen die oberste Schicht des Putzes abkratzen. Anschließend kann man einen neuen Versuch wagen.
Jetzt konnte ich mit dem Gebäudeinnerem fortfahren. Die Trümmer und den Schutt am Boden, die von der eingestürzten Decke und Einrichtungsgegenständen stammen, bildete ich aus kleinen Holzteilen, Gipsstücken und Plastikröhrchen nach, die ich nach einem realistisch wirkenden Schema verteilte. Natürlich hatte ich die Teile vor der endgültigen Positionierung bemalt und dabei verschiedene Farbabstufungen benutzt, um Eintönigkeit zu vermeiden.
In den von Trümmern verschonten Bereich legte ich verschiedene Gegenstände und achtete auch hier darauf, dass dies glaubwürdig war. Es sollte der Eindruck erweckt werden, dass die Gegenstände in aller Eile zurückgelassen wurden, aber trotzdem schlüssig in dieses Umfeld passen.
Die Alterungsprozesse bilden die Endphase bei der Erstellung des Gebäudes. Die Bauten in Tunesien hatten in dieser Zeit häufig einen weißen Anstrich mit hellblauen Fensterrahmen. Die verschiedenen Stadien des Verfalls und der Zerstörung lassen sich recht einfach darstellen. Zuerst wurden mit stark verdünnter Farbe einige dunkle Stellen in verschiedenen Winkeln und Vertiefungen erzeugt. Auch die Risse und Spalten wurden damit behandelt, und so dem Gebäude ein realistisches Aussehen verliehen.

Der Dioramensockel

Ich befestigte eine ca. 1 cm dicke Hartschaumplatte auf einer Holzplatte und formte diese bereits grob in der gewünschten Geländeform, wobei ich bereits die Position des Gebäudes mit einkalkulierte. Mit einer dünnen Schicht Modelliermasse füllte ich nun vorhandene Zwischenräume und Löcher in der Hartschaumplatte.
Als Grundfarbe für den Boden wählte ich Matt-Erde XF-52 von Tamiya, das ich gleichmäßig mit der Spritzpistole auftrug, nachdem ich das inzwischen angebrachte Gebäude und den Sockelrand abgeklebt hatte. Die Nachbildung einer natürlichen Bodenoberfläche ist eine sehr reizvolle, wenn auch teilweise schwierige Phase bei der Erstellung eines Dioramas. Ich verwendete dafür Pflanzgranulat, das ich zerkleinerte und mit Wasser und Weißleim zu einem cremigen Brei vermischt auf dem Sockel mit einem kleinen Spachtel verteilte.
Man sollte dabei immer bedenken, dass ein natürlicher Boden nie einheitlich ausfällt und daher immer unterschiedlich beschaffene Bereiche vorhanden sind. So glättete und feuchtete ich einige flache Stellen zusätzlich mit einem nassen Pinsel an und trocknete sie mit einem Föhn.
Die Folge war eine sehr realistisch wirkende Rissbildung in diesen Bereichen, wie sie oft bei von der Sonne ausgetrockneten Böden zu finden ist. Die Fahrzeuge lassen sich in der noch feuchten Schicht ebenfalls gut verankern. Mit etwas Druck und einigen Tropfen Weißleim werden selbst schwere Resinmodelle so sicher befestigt.

Ein paar Kunstgriffe

Die Bemalung ist eine der wichtigsten Maßnahmen, dem Boden ein gewisses Maß an optischer Tiefe und Räumlichkeit zu verleihen. Alle Vertiefungen, Steine und anderes hervorstehendes Beiwerk werfen bei einer von oben kommenden Beleuchtung (Sonne) natürlich einen Schatten, der auch im Modell nachgebildet werden sollte.
Es ist auch notwendig bei einem sehr dunklen Boden die Bereiche, die dem Licht ausgesetzt sind, etwas aufzuhellen. Es kann auch nicht schaden, wenn sich die Färbung des Bodens und der darauf stehenden Fahrzeuge voneinander abheben, um eine gewisse Vielfalt bei den Farbtönen zu erhalten.
Der Gebrauch von ausschmückendem Beiwerk und Vegetation spielt auch eine wichtige Rolle. Dabei dürfen diese Gestaltungselemente aber nicht den Eindruck erwecken, als seien sie unkoordiniert auf dem Diorama verteilt, sondern sie müssen vielmehr einer gewissen Logik folgen, die auf das Motto der Szene abgestimmt ist.
Von großer Bedeutung ist auch ihre farbliche Gestaltung. Sie sollten neben den Hauptelementen, wie z. B. einem Fahrzeug, auch eine gewisse Aufmerksamkeit auf sich lenken, ohne aber zu stark hervorzutreten. Sie können damit entscheidend zur Lebendigkeit eines Dioramas beitragen. Zu guter Letzt ist es natürlich auch die Haltung der Figuren in einem Diorama, die viel zum Gelingen einer Szene beiträgt. Ich stellte den Unteroffizier in den Vordergrund, um dahinter das Halbketten-Fahrzeug zu positionieren. Der Soldat im Hintergrund, neben dem Geschütz, schließt das Diorama sozusagen ab und sorgt dafür, dass auch das Geschütz das Interesse des Betrachters erregt. Beide Figuren stehen also recht nahe an einem Fahrzeug und setzen damit Schwerpunkte, die dem Diorama Tiefe und Stetigkeit verleihen.

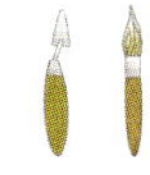

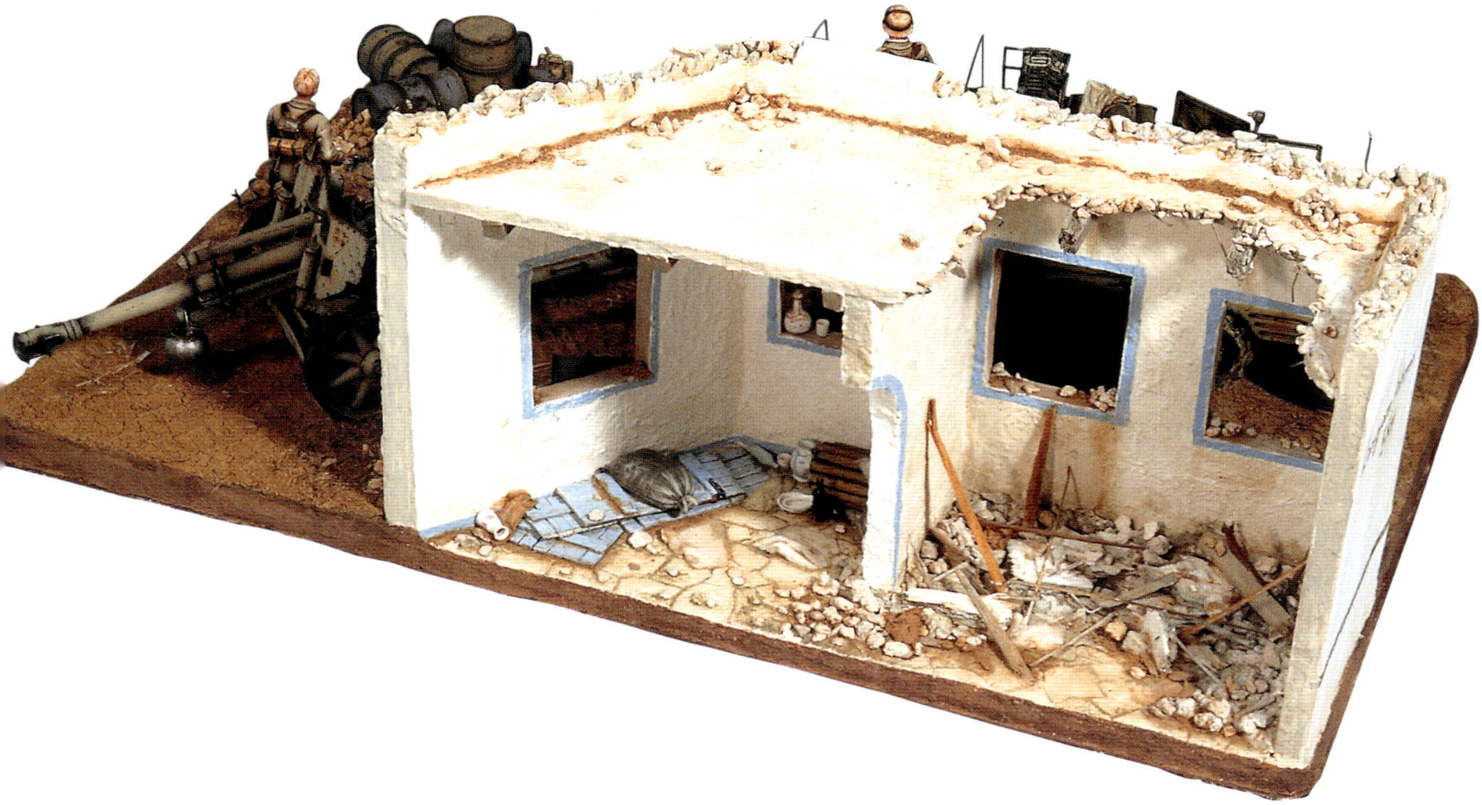

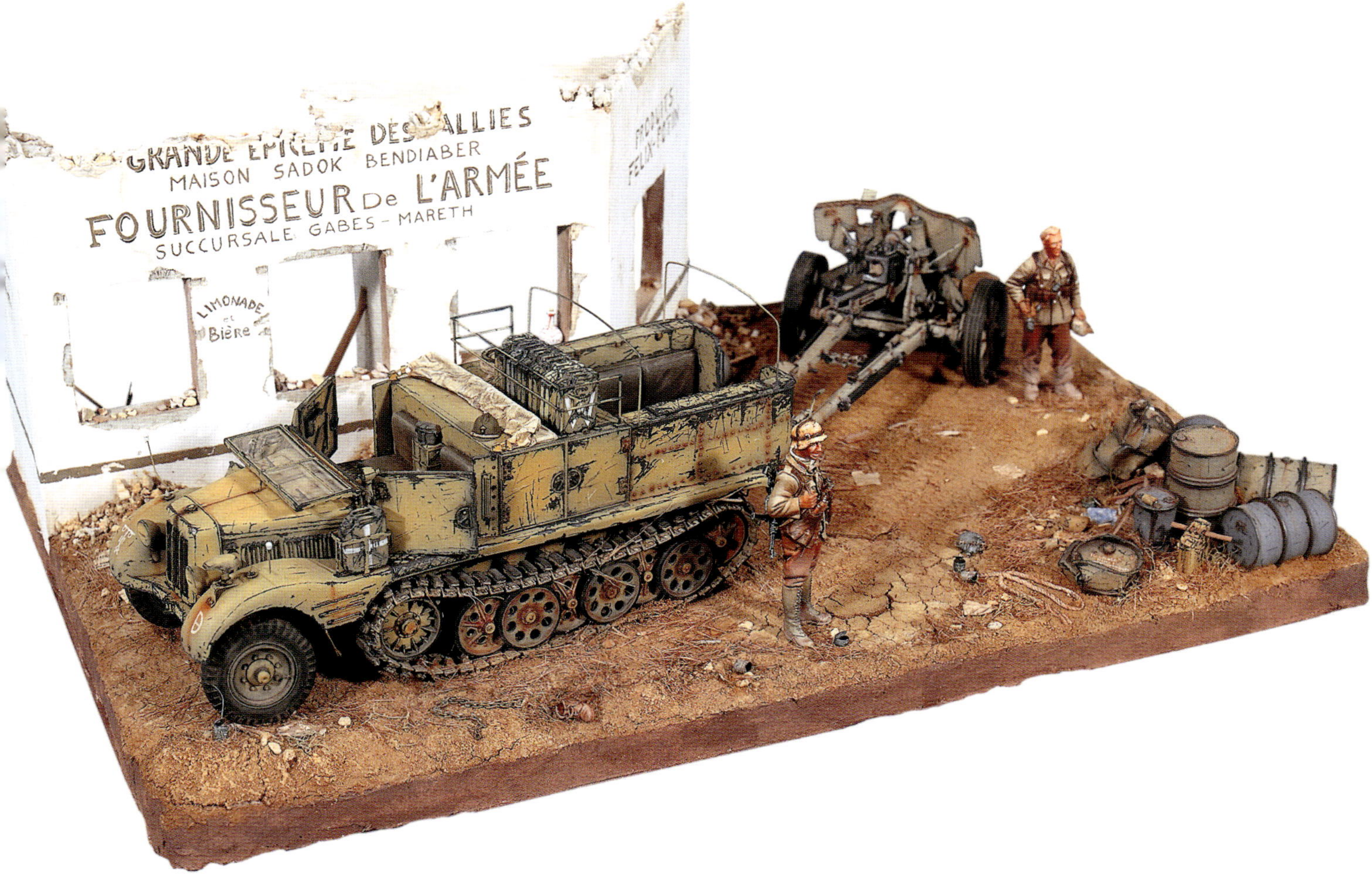
MAISON SADOK BENDIABER
FOURNISSEUR De L'ARMÉE
SUCCURSALE GABES - MARETH
LIMONADE
Bière

WÜSTEN-DIORAMEN MODELL-GALERIE

VON Fabrizio Faggion

Die Darstellung von Wüstenszenen ist eine richtige Leidenschaft von Fabrizio Faggion. Seine Dioramen zeigen mit großer Ausdruckskraft Szenen aus dem Leben der Soldaten während des Afrika-Feldzugs.

Der Übergang

Eine Selbstfahrlafette Bison II überquert auf einer Behelfsbrücke einen Panzerabwehrgraben. Ein Offizier ist aus dem Skoda, Typ 92 ausgestiegen und beobachtet den Vorgang.

Nordafrika 1942

Die Besatzung einer Selbstfahrlafette M40 mit einem 75/18-Geschütz gönnt sich einige Momente der Ruhe an einer von Fallschirmjägern besetzten Stellung.

El Alamein

Dieser Name steht für eine der erbittertsten Schlachten in Nordafrika. Die Szene zeigt die Entdeckung eines britischen Valentine-Panzers durch die Besatzung eines SPA-Lastkraftwagens, der mit einem 20 mm-Geschütz bewaffnet ist.

D.A.K.

Diese Abkürzung steht für das Deutsche Afrika Korps und natürlich bildet in dieser Szene ein deutsches Fahrzeug den Mittelpunkt. Es ist die Besatzung eines Panzerjäger I, die einen britischen Kriegsgefangenen aus seiner eben eroberten Stellung abführt.

Tobruk

Die Szene zeigt einen AB41-Panzerspähwagen, der eine Brücke befährt und dabei von einem italienischen Soldaten auf seinem Motorrad beobachtet wird. Das Diorama demonstriert, welche Vielfalt an Gestaltungselementen in einem Wüstendiorama zum Einsatz kommen können. Die Farbgebung erscheint auf den ersten Blick etwas eintönig, aber der aufmerksame Betrachter erkennt schnell die wahrnehmbaren Farbunterschiede und die unterschiedlichen Abstufungen in den Gebrauchsspuren der Fahrzeuge. So entstehen feine, aber doch sehr entscheidende Unterschiede in der Farbgebung.

Modellbau-Techniken ~
Bemalung von Militär-Fahrzeugen

TEIL 1: Dieses ist das erste von zwei Heften über die Bemalung von Militär-Fahrzeugen. Sie als Leser erfahren hier die grundlegenden Methoden, um Militärfahrzeuge zu bemalen und zu altern.

Paperback, sehr viele farbige Fotos, A4 Format. 80 Seiten.

ISBN 978-3-938447-63-5

16.95 € (D)

TEIL 2: Die Autoren zeigen in diesem zweiten Heft, was mit oft einfachen Mitteln im Modellbau möglich ist und auch wer nicht ganz so weit gehen möchte, der findet unzählige Hinweise, die alle einen Schritt hin zum besseren Modell bedeuten.

Paperback, sehr viele farbige Fotos, A4 Format. 80 Seiten.

ISBN 978-3-938447-64-2

16.95 € (D)

Modellbau-Techniken
Erstellung von Militär-Dioramen

Es wird demonstriert, welche Methoden angewendet werden können, um ein Diorama zu planen, zu erstellen und zu bemalen. Auch die Integration von Fahrzeugen, Figuren und anderen Gegenständen in ein Diorama wird behandelt.

Paperback, sehr viele farbige Fotos, A4 Format. 80 Seiten.

ISBN 978-3-938447-58-1

16.95 € (D)

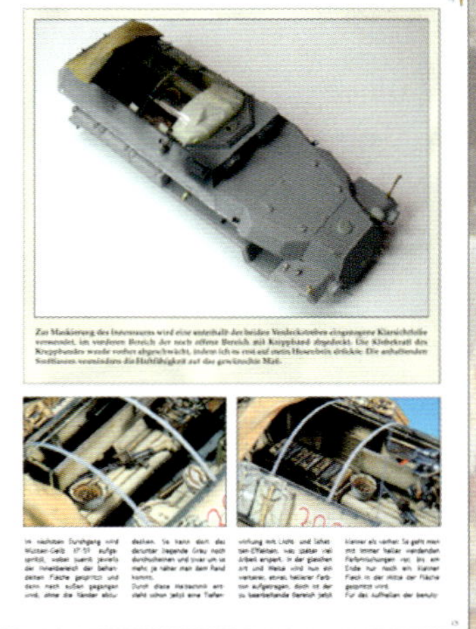

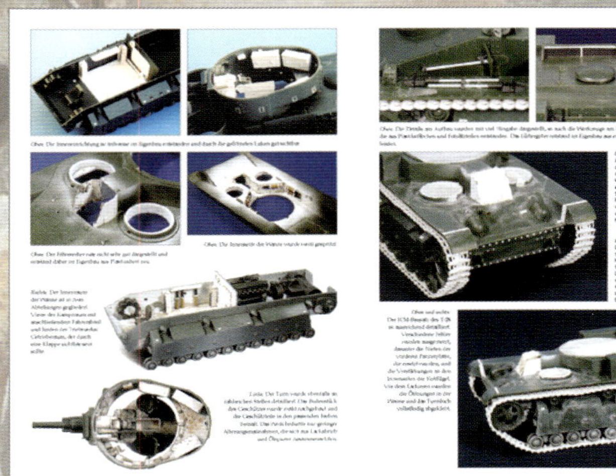

Die Bücher sind im Buchhandel und in vielen Modellbau-Fachgeschäften erhältlich.

Zeughaus Verlag GmbH

Knesebeckstr. 88
10623 Berlin

Telefon: 0049 (0)30 315 700 30
Telefax: 0049 (0)30 315 700 77
Email: info@zeughausverlag.de
www.zeughausverlag.de